北海道大学の練習船「おしょろ丸」から撮影した空を飛ぶスルメイカの仲間。
全長約 20 センチ、1 回の飛行距離は推定 30 メートル。
この観察をもとに、イカの飛行の詳細な仕組みを世界で初めて明らかにした
（2011 年 7 月、東京の東約 600 キロ沖で。撮影／村松康太）

[redacted]

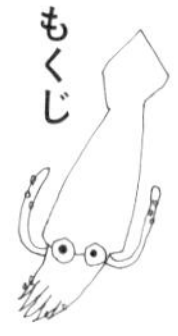

もくじ

はじめに

季節の旅人・スルメイカ

私が住む函館は日本海と太平洋をつなぐ「しょっぱい川」津軽海峡に面し、夏から初冬の夜の海峡では、スルメイカを釣る漁船の漁火が海と空を照らしています。

昭和の終わり（１９８０年代末）までは、この漁火も、初夏に始まって師走の声を聞くころには消えていました。ところが２０００年代に入ってからは、師走どころか年明けまで漁火が夜の空を照らし、朝獲りの新鮮なイカ刺しが雪の降る寒い日の食卓にのぼるようになりました。

やはり地球温暖化のせいなのでしょうか。それでも、スルメイカは毎年夏から秋に、北海道の沿岸を忘れずに訪れます。

スルメイカを含めて多くのイカ類の生活史の特徴は、寿命がほぼ1年であることです。カナダのオドール博士は論文の中で〝Live fast and die young〟（「速く生き、若く死に」）。若くして事故死したアメリカの俳優ジェームズ・ディーンの新聞記事のタイトル）と、イカの成長の速さと寿命の短さをわかりやすく表現しています。

函館山からの夜景に浮かぶイカ釣り船の漁火

（このページの写真すべて函館市公式観光情報サイト「はこぶら」から）

函館の朝市に並ぶスルメイカ

透き通るイカ刺し

スルメイカは、北海道・東北地方では一般にはマイカと呼ばれ、日本では最も馴染みがあり、食卓に一番多くあがるイカです。全国の水産物の消費量の第1位はサケで、スルメイカを中心にしたイカ類は、毎年マグロと並んで2位か3位です。

２０１２年の日本のイカ類の漁獲量はおよそ22万トン。そのうちスルメイカは全体の８割にあたる約17万トンで、第2位のアカイカ（5千5百トン）を大きく引き離しています。また北海道の漁獲量は5万5千トンと、第2位の青森県をおさえて都道府県別でトップの座にあります。（農林水産省「海面漁業生産統計調査」から）

しかし、この「季節の旅人・スルメイカ」も、寒い年が続いた１９７０年代半ばから漁獲量が激減しました。昭和から平成に元号が変わった１９８９年以降は暖かい年が続き、それに反応するかのように再び漁獲量は増加に転じています。

スルメイカの産卵群は、春・夏・秋・冬と一年を通して日本の周りの海のどこかで産卵しています。北海道に夏から秋に来遊する群れは「秋生まれ群」、秋から冬に来遊する群れは「冬生まれ群」と呼ばれています。

スルメイカは日本海の南部や東シナ海で主に秋から冬に生まれ、その後日本海を北上する対馬暖流や、太平洋の黒潮に乗って北海道、時には千島列島まで回遊し、秋以降には再び産卵のために南の海に戻っていきます。わずか1年という短い一生をかけて、日本列島

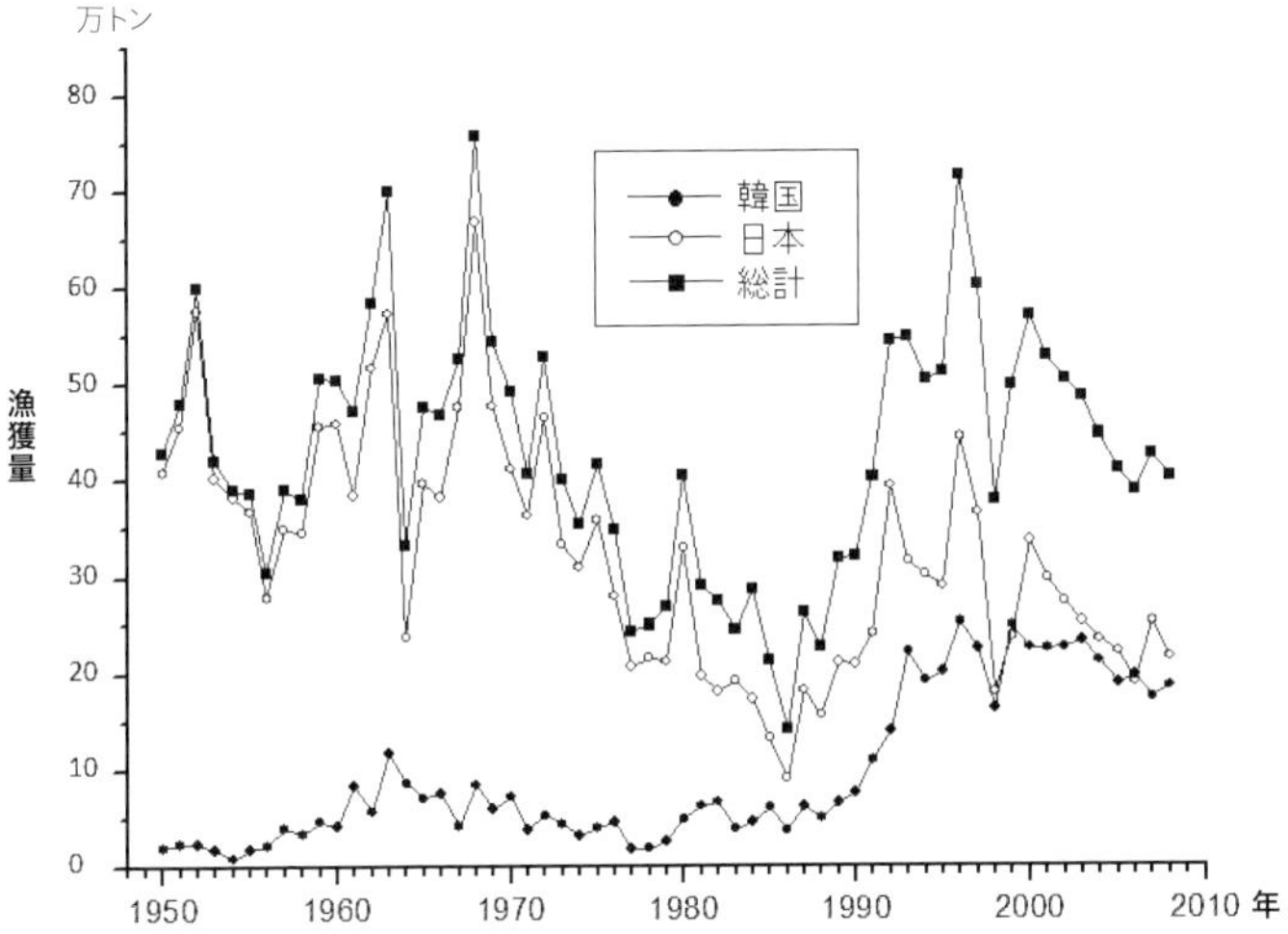

スルメイカ漁獲量の推移
(FAO・2007、水産庁・2009)

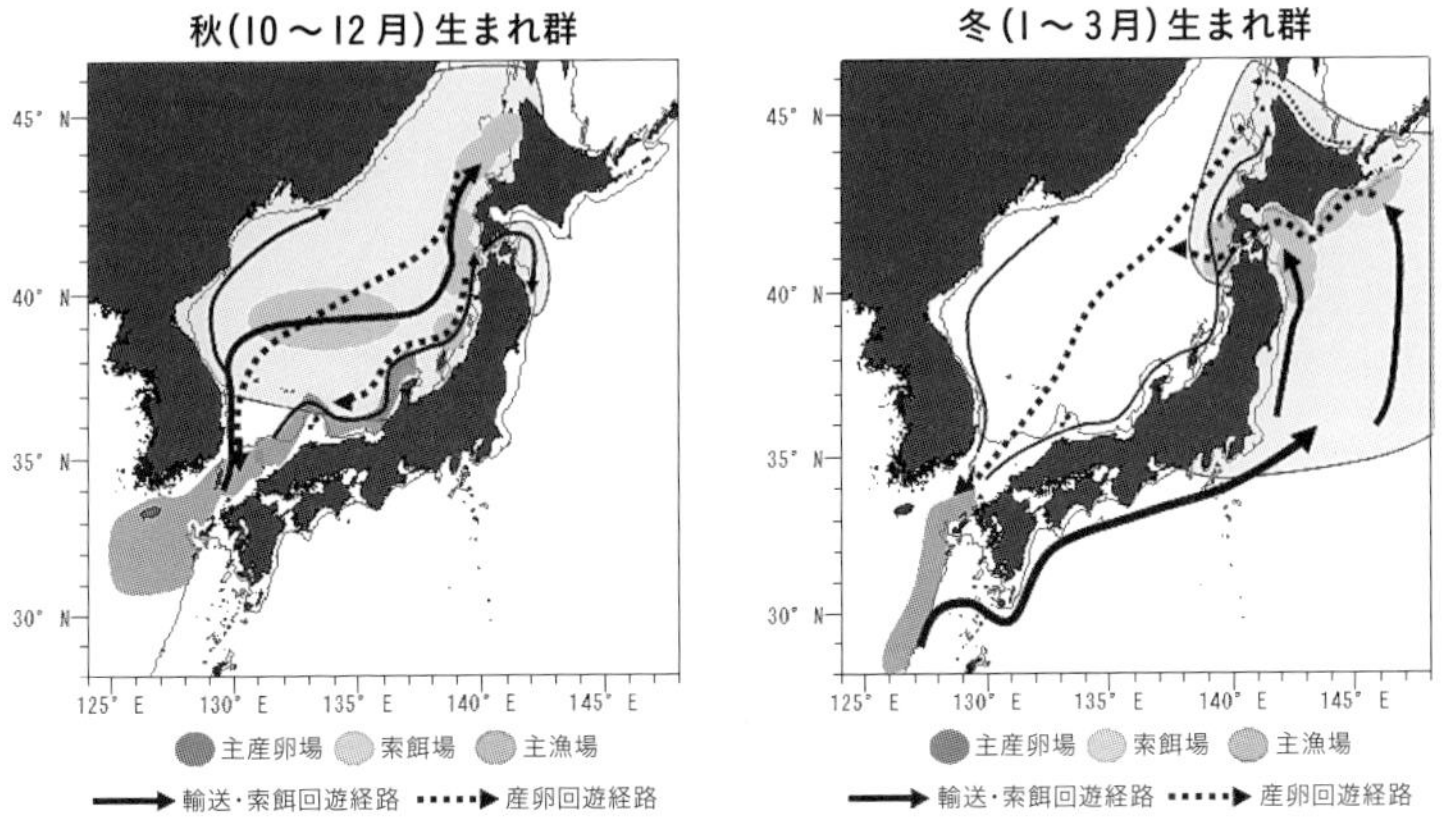

秋・冬生まれ群それぞれの回遊ルートと主な漁場。
1年を通して産卵しているが、主な産卵期は秋から冬
(Sakurai et al., 2013 から)

を南北に大回遊しているのです。

その生き方は、アユが春に川を上り、秋に再び川を下って産卵して死ぬ習性にも似ています。スルメイカの場合、日本列島に沿って北へ流れる暖流を川に例えると、南日本の海で生まれた子供は流れに身を任せて下流（北日本）に下りながら北の豊かな海で成長し、今度は流れに逆らうように産卵のために南へ戻り、その短い一生を終えます。この間、小さなプランクトンやイワシなどの魚を食べて成長します。イカ釣り漁船だけではなく、クロマグロやブリなどの大型の捕食魚も、スルメイカを追うように回遊しています。

初夏の津軽海峡にはいつも漁火が灯り、雪降る季節には消えてゆく——。この本の主人公スルメイカは、まさに「季節の旅人」なのです。

第1章

イカはなにもの？

イカはおさかな？

１９８９年８月、函館の市の魚に「イカ」が決まりました。すると、私のところに一市民と名乗る方から電話が来ました。「イカは魚ではないから、市の魚にイカとはいかがなものか」と。私はとっさに「たしかに魚ではまずいですね。でも、ひらがなの『さかな』(肴)は、魚介類を総称する意味がありますから、ここは一つ広い意味でお考えになっては」と苦しい返答をした思い出があります。

ではまず、イカの進化についてお話しします。イカはサザエやアワビ、アサリなどと同じ軟体動物の仲間です。軟体動物の中でイカ・タコ類は頭足類と呼ばれ、水族館にいるオウムガイのように固い貝殻に覆われたアンモナイトや、角状の殻に包まれたヤイシ類が祖先

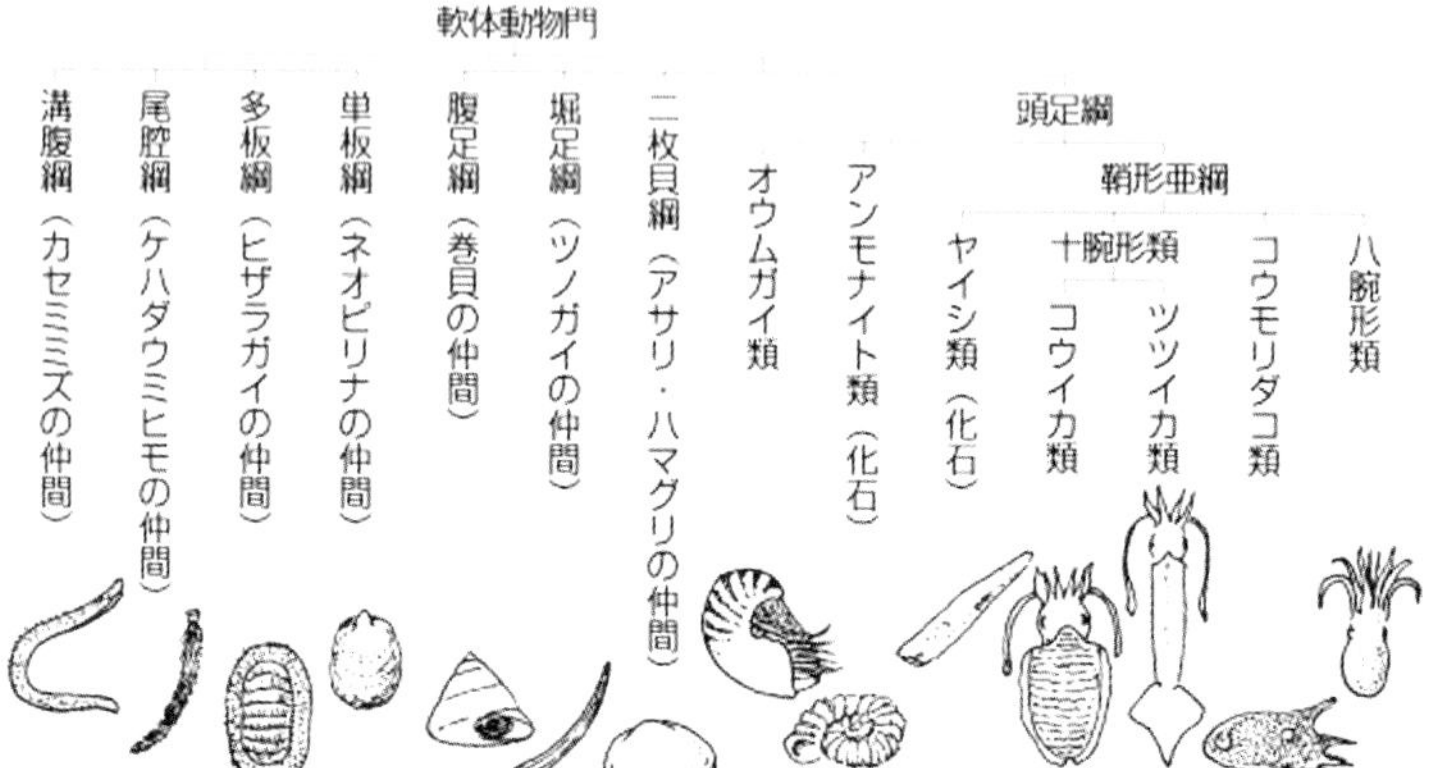

イカ・タコの分類
（全国イカ加工業協同組合 HP から）

です。つまり、イカの祖先は固い貝殻に覆われて遊泳していました。さらに、もっと昔には、海底をサザエのように這っていました。

　これを殻に注目して進化の順に並べると、①殻に覆われたまま海底を這う②海中を遊泳③殻を「外套」と呼ばれる筋肉で体内に包み込む④コウイカ類の甲やヤリイカやスルメイカ類の「ペン、骨」と呼ばれるものに殻が退化・縮小――となります。「は虫類→始祖鳥→鳥類」という陸上生活から空を自由に飛翔する進化の方向が、イカ類では海底生活から海中を自由に遊泳できる方向に進化してきたというわけです。

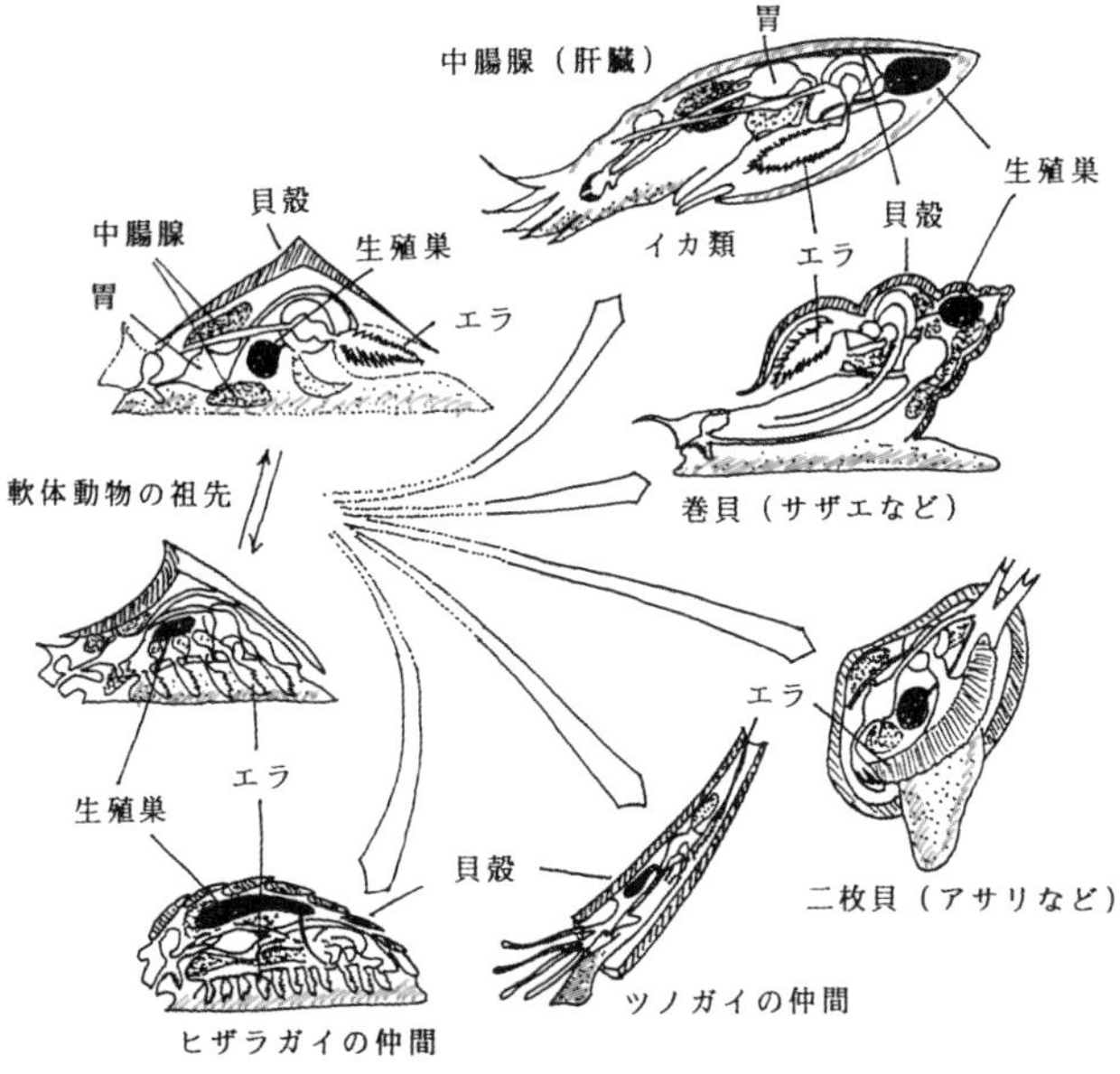

イカの祖先は貝

ちなみに、タコ類にはこの「骨」がありません。現在の形をしたイカやタコの化石が出現しないのも、「硬い骨」の部分がないためと考えられています。

次にイカの体の名称をご紹介します。多くの皆さんの口に入る部位は「外套（膜）」（胴体）といいます。胴体の先端にはヒレ（鰭。ミミとも）があります。胴体の付け根に頭があり、その先が10本の腕です。10本の腕のうち、先端の吸盤がよく発達した2本の長い腕を「触腕」と呼びます。眼や漏斗、そして口器にあたるビーク（カラストンビ）の機能については、後の章で詳しく説明します。

空も飛べる？

イカは、前後左右に自由自在に泳ぐことができます。ちなみに、腕の方向に進むのを前進（餌を捉える方向）、ヒレの方向をバック（後進）といいます。胴体内には大きな鰓《えら》が二つあり、ここで呼吸した後に漏斗から海水を噴出させ、このジェット水流によって遊泳し

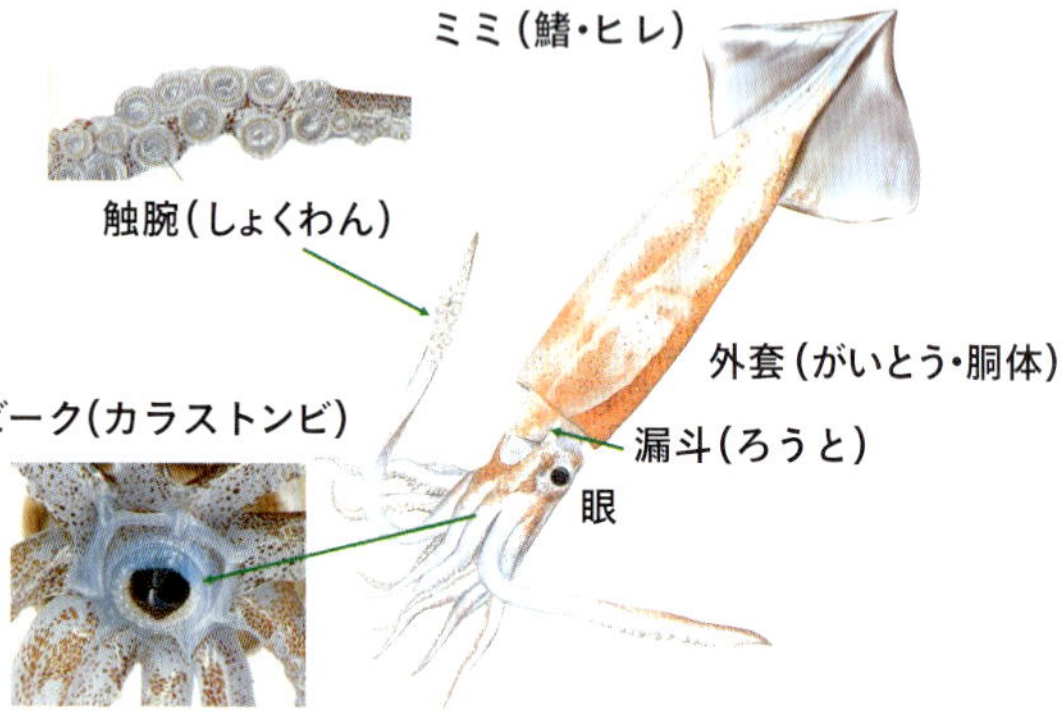

スルメイカ（マイカ）の体の名称
（キンダーブック３『しぜん・いか』
（フレーベル館から。図版協力／筆者）

ています。漏斗は方向を自在に変えることができ、噴出する流れの速度も変えられるため、瞬間的にブレーキがかけられます。

ヒレ（ミミ）は、体のバランスを保ったり方向転換の補助に使い、チョウの羽のように四六時中動いています。ミミがこりっとして旨い理由はここにあるようです。研究者仲間では、その優れた泳ぎ方から、イカを「海のＵＦＯ」と呼んでいます。

２０１３年2月に、「イカはホントに空を飛ぶ」というニュースが国内外に一斉に流れました。当時、北海道大学の私の研究室の修士学生だった村松康太君、国際基督教大学の関口圭子研究員のグループが、11年7月の北大附属練習船「おしょろ丸」の北西太平洋実習航海中に行っていた海鳥やクジラ類の目視調査中に観察し、海中への飛び出しから飛行、そして海中へ突入するまでの写真撮影に成功しました（Ｐ2写真）。そして、北大の山本潤先生を中心にまとめた論文が国際誌に掲載されました。私の知るかぎり、海面を滑空する外洋性のイカ類の映像は、奥谷喬司先生の名著『イカはしゃ

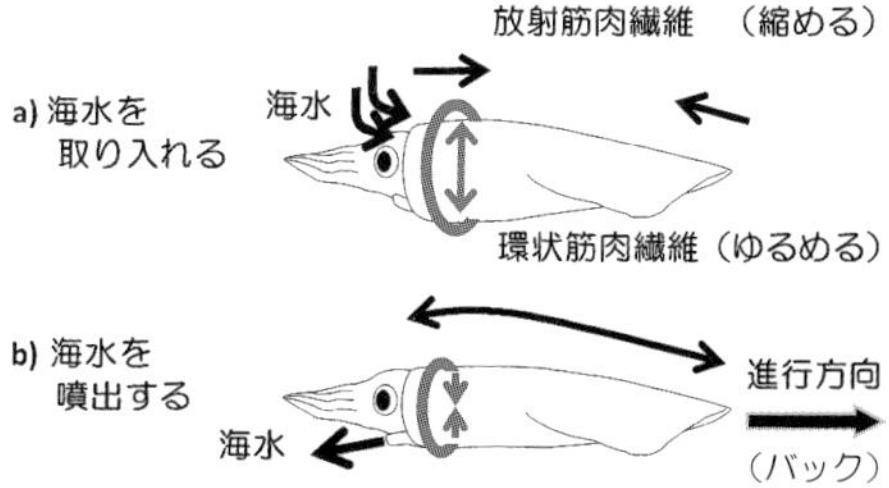

スルメイカの泳ぎ方
（「函館水産物マイスター養成協議会公式テキストブック」から。作図／岩田容子）

べるし、空も飛ぶ』（講談社ブルーバックス）の初版本の表紙を飾る動物写真家・岩合光昭氏の写真しかありませんでした。

おしょろ丸が約13ノット（約23km／h）で航行していたその時、船首にできる波に驚いたのか、約100個体のイカの群れが水面から飛び出しました。観察されたイカは、スルメイカの仲間のアカイカまたはトビイカの成体になる前の小型個体で、その大きさは全長（ヒレの先から腕の先まで）約20〜23センチ（外套長12〜13センチ）でした。

P18の連続写真とイラストにあるように、最初は水を勢いよく吐き出し、ヒレを先にして水面から飛び出します。この瞬間は、ヒレを胴体にピタリと付け、ロケットのようです。おそらく海中でもすごいスピードで泳いでいたのでしょう。飛び出した後は、水を漏斗から噴射し続け空中でも加速し、さらに揚力を発生させるためにヒレと腕を広げています。この時、腕の間にある保護膜を広げて、腕とともに翼のような形にしています。まるで飛行機の翼のようです。空中の移動速度は時速にすると30〜40キロですから、自動車の安全運転速度並みです。

水の噴射が終わると、腕とヒレを広げた状態を維持したまま滑空を開始します。揚力（浮き上がる力）はヒレと腕と保護膜の「翼」で発生させており、進行方向に向かってやや持ち上がった姿勢（飛行機が機首をあげて離陸する状態）になり、バランスを取っています。

この時、群れ同士がぶつからないように、ヒレを微妙に操作しながら滑空しています。数十メートル滑空した後は、飛び出した時と同じように、ヒレを外套膜に巻き付け腕をたたみ、進行方向に対してやや下がった姿勢を取って、海中にスポンと入っていきます。この行動は、マグロやイルカなどの捕食者から一斉に逃げる時のものと考えられます。

北大の広報担当者によれば、このニュースには、ノーベル賞を受賞した鈴木章先生の時に次ぐ多くの問い合わせがあったそうです。余談ですが、その後このニュースを見た人から、世界中の海で海面を滑空するイカの写真が送られてきました。地中海、カリブ海などの豪華客船で撮影したとのことで、いずれもスルメイカの仲間でした。

では、成体になったスルメイカはどうかというと、水中からピョンと飛び上がってバシャッと落ちますので、「飛んだ」ことにはなりません。私たちの最初の飼育実験の時は、朝、水槽に来てみると、飛び出たイカが水槽の周りにたくさん死んでいるという経験をしました。水面から20センチほどの高さの水槽の壁を飛び越えていたのです。それ以来、水槽の上を細かな目合いのネットで覆っています。

北海道で獲れるイカとタコ

イカ・タコ類は、軟体動物門、頭足綱（頭足類、Cephalopoda）に属しています。世界ではイカ類500種、タコ類200種の計700種ほどが知られています。日本周辺海域で漁獲される主なイカ類は、コウイカ類、ヤリイカ類およびスルメイカ類です。

　コウイカ類は、コブシメ、コウイカ、カミナリイカ、シリヤケイカなどで、北海道では道南地方でヒメコウイカという小型の種類が見られます。ヤリイカ類は、ケンサキイカのほか、北海道周辺には冷たい親潮が流れる道東域を除いてジンドウイカ（別名ゴイカ、テックビイカ、マメイカ）とヤリイカ（別名ミズイカ）がいます。最近では、富山湾が北限とされていたアオリイカが津軽海峡にも来ています。本当は高価な

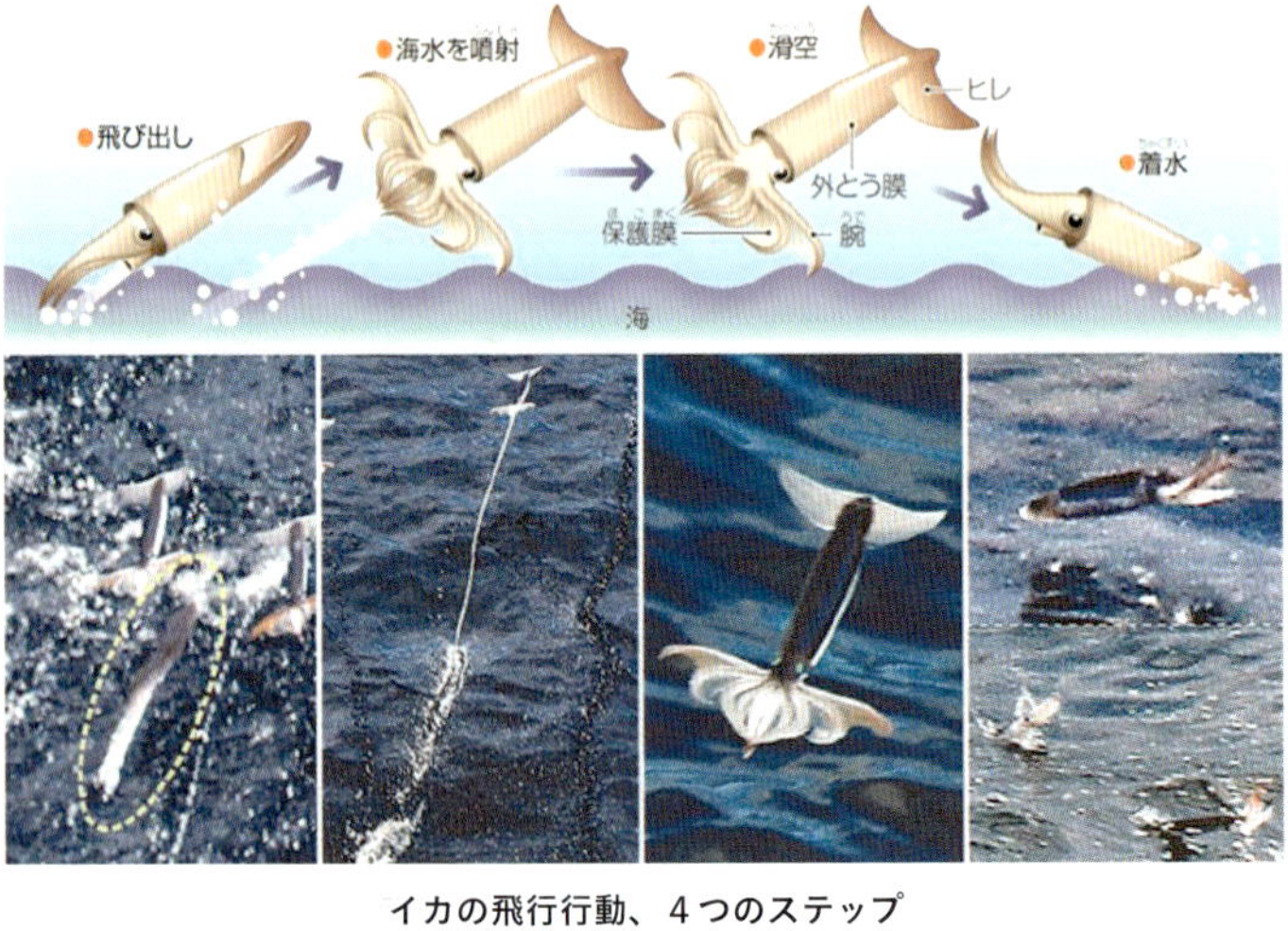

イカの飛行行動、４つのステップ
（Muramatsu et al. 2013 から。イラストは 2013 年 3 月 3 日「中日新聞」から転載）

イカですが、なじみがないせいか、スーパーの鮮魚売り場に「スミイカ」と称して売られていることがあります。

　スルメイカ類では、スルメイカ以外に、外洋回遊性のアカイカとトビイカがいます。アカイカは、秋以降に太平洋の沖合いで中型イカ釣り漁船によって漁獲されています。これ以外にも、羅臼や噴火湾の定置網や底刺し網にドスイカ（表面が赤いのでアカイカと呼ばれている）がいます。このほか北海道周辺では、道東から東北地方にかけての太平洋の大陸棚には、富山湾で有名なホタルイカもいますが、主にマダラなどが大量に食べてしまうため、消費者の目に触れることはありません。

アカイカ

飼育中のジンドウイカ

トビイカ

アオリイカ

そして、大きくなれば20キロにもなるソデイカです。このイカは、太平洋の温かい海を大回遊していて、日本海南部ではタルイカ、アカイカと呼ばれ、関西以南では大変高価でおいしいイカです。北海道のソデイカは、北風が強くなる11月ごろ、津軽海峡に沿った渡島半島沿岸の海岸で、水温の低下によって弱った状態で発見されます。もし海岸を散歩していて見つけたら、持ち帰って刺身で食べてみてください。冷凍保存もできます。

一方、タコ類では九州から津軽海峡の沿岸に沿って生息するマダコ（身が硬いので松前ではイシダコと呼んでいます）、大きくなれば40キロにも成長するミズダコ、そしてそれより小ぶりなヤナギダコがいます。

イカとタコはどう違う？

イカとタコの大きな違いは、イカ類は2本の触腕を入れて腕が10本、タコはこの触腕がないため8本ということです。これ以外にも、イカ類は主に海中を自由自在に泳いでいますが、タコはもっぱら海底を這う生活をしています。また、前述したペンのあるなしに加え、墨の吐き方なども違います。

イカ墨から作るセピア・インクは、西洋ではレオナルド・ダ・ヴィンチやレンブラントが愛用したことから「レンブラントインク」とも呼ばれています。またイカ墨パスタやアイスなど食用にも使われます。

イカとタコの墨の成分で共通するのは、黒い色のもととなるメラニン色素とネバネバ成分の粘液多糖類です。イカ墨は「ネットリ、ザラザラ」、タコ墨は「サラサラ、シットリ」しています。タコ墨には「オクトパミン」と呼ばれる弱い毒成分が入っていて、餌の魚やカニを麻痺させるはたらきがあるようです。だから「タコ墨パスタ」がないのですね。

大学での1年生の授業では、受講者が３００人を超えることがあります。多くの先生が1回ずつ担当する授業では、授業の最後に小テストを行います。そこで、「イカとタコが外敵に襲われた時に、どのように墨を吐くか、スケッチせよ」という問題を出したことがあります。まずイカとタコの形を描く必要があります。そして墨の出し方も。とても採点しやすいのですが、正解者は10人もいませんでした。

飼育中のイカは、よほどのことがないかぎり大量に墨を吐くことはありません。大量の墨を吐かせたいときは、イカを水面から持ち上げ空中にしばらくさらしておくと、「キュッ、キュッ」と鳴いて胴体が膨らんでいきます。これは背中側にある頭と胴体の付け根の隙間（くぼんだ部分）から、体内に空気を吸い込んでいる時に出る音です。この隙間の内側には弁があるため空気が漏れ出ず、胴体がまるまると膨らんでいきます。これを海水中に戻すと、ドバッとばかりに漏斗から大量のネバネバした墨を吐き出します。

では、イカは外敵に襲われたとき、どのように墨を吐くのでしょうか。水槽内で飼育している時には外敵はいませんが、イカ同士が接近しすぎた時などに、ヒレの方向に下がりながら「プッ、プッ」と薄い墨を出します。まるでイカの分身がいくつもできたようになります。つまり、外敵に襲われた時には、このダミーのイカ墨の分身をいくつも作って逃げる「分身の術」を持っていることになります。この墨はネバネバしていないので、すぐに海水中で溶けてしまいます。

それではタコの場合はどうでしょうか。約10トンの水槽でミズダコを

ミズダコ（撮影／ロビン・リグビー）

ソデイカ

4個体飼育した時のことです。円形の水槽の4カ所に、タコ箱と石でそれぞれのすむ場所を作ってあります。それでも時々、隣のタコを攻撃することがあります。すると、まさにドバッと粘液性の膜状の墨を出します。おそらく、外敵に襲われた時に相手の前に煙幕をはって姿を隠していると考えられます。

イカとタコ、どちらが賢い？

「イカとタコはどちらが賢いの？」という質問を受けることがあります。端的に言うと、イカは視覚認知と遊泳能力に優れ、タコは視覚認知に加えて知覚認知に長けています。飼育しているイカが、餌をやる私を認知することはありません。しかしタコは、私の顔、足音すら認知できます。

青森県営浅虫水族館（現あさむし水族館）に勤めていた時、ミズダコを飼育展示していました。狭い水槽ですから1個体しか飼育できません。水族館の展示水槽の裏側には飼育員が作業する通路があります。ここを私が歩いてタコの水槽に近づくと、すでに2本の腕を水面から出し、「早くおいで」とばかり待ち構えています。しかも私が腕を差し出すと、タコもくるりと腕をからめて遊んできます。

こんなこともありました。カナダからの留学生のロビン・リグビーさんは、ミズダコの行動を研究し、博士論文を完成させました。彼女は、約15トンの水槽で4個体のミズダコを飼育していました。この中の「ピンクレディ」と名前がつけられたタコは、若い男性が近づくと寄ってきましたが、彼女には最後までなつかなかったようです。実験が終わり、残りの3個体は海に返されましたが、ピンクレディは彼女によって茹でダコにされ、私にも2本の足（腕）がプレゼントされました。

大変残念なことに、ロビンさんは京都大学の白浜実験所の助教授になった直後、交通事故で他界されました。タコの行動研究の第一人者になってくれるだろうと期待していましたので、大変悲しいことでした。彼女が亡くなった数日後に、和歌山県の白浜近くの刺網で、関東以南にはいないと言われているミズダコが採集されました。偶然の出来事が、今でも不思議でなりません。

しばらくはタコの行動研究をあきらめていましたが、北大大学院生の長野耕輔君がミズダコの飼育実験に取り組むことになりました。

ある日のこと、4個体飼育していたミズダコの中で最も小さい個体が水槽から脱走しました。水槽の壁と縁の部分には人工芝をはってあります。こうしておくとタコは吸盤で吸い付けず、水槽から逃げ出せません。でもこの時は、おそらく一部分がはがれていて、そこから逃げ出したのでしょう。

長野君がそのタコを捕まえて水槽に戻そうとした時、ワイシャツのポケットに入れていた折りたたみ式の携帯電話をちゃっかり持っていかれてしまいました。携帯を持ったままゆっくり沈んでゆく「犯人」に、別の大きなタコがさっと近づき、獲物を奪い取りました。そして、あっという間に携帯を腕に挟み込んで開け、基盤ごとバリッと壊してしまいました。きっと、おいしい貝だとでも思ったのでしょう。

イカは美食家？

一般に、イカ・タコ類は肉食性です。底生性のタコ類はエビ・カニ類、貝類、魚類を食べ、イカ類は魚類、動物プランクトン、および共食いを含むイカ類を餌にしています。スルメイカは、成長に伴って動物プランクトンから中小型のアジ、イワシなどの魚類、アカイカはハダカイワシ類などの中深層性魚類、ヤリイカは主にオキアミ類などの動物プランクトンを摂餌しています。

イカ類の幼生は1～数ミリと小さく、さまざまな捕食者の格好の餌となっています。しかし、その後の成長は著しく速く、生まれてから数カ月もすると自分の外套長と同じ大きさの魚類・イカ類を捕食するまでに成長します。そのため、約1年という短い寿命でありながら、海洋生態系の食物連鎖の中で、動物プランクトンと同じ被食者から、マグロやブりなどの大型魚類などと同じ捕食者へと変身することになります。さらに「食う・食われる」の関係では、大型魚類、アザラシ・オットセイ、クジラ、イルカ、あるいは海鳥類の重要な餌生物であり、海の中の多様な生物をつなぐ重要な生き物だと言えます。

イカは進化の過程で海底生活から遊泳生活に移行しましたが、かれらは生まれた瞬間から死ぬまで、外套（胴体）の筋肉を動かし続けています。イカの刺身のこりっとした歯ざわりの理由はここにあります。特に、沿岸性のコウイカやヤリイカより、外洋性のスルメイカ類は泳ぎが得意です。イカの種類による身の甘さや硬さは、その泳ぎ方とも関係がありそうです。

スルメイカは、自分と同じ大きさのイワシを、一瞬にして腕（私は足ではないと思う）で捉えることができるスピードランナーです。生きたイワシを与えると、10本の腕をこうもり傘をぴしっとたたんだようにして、まるでロケットのように直進し、瞬間的に2本の触腕の先の吸盤部で捉え、残りの8本の腕でしっかり抱きしめます。抱きしめられたイワシは、横にしたとたん突然大人しくなります。これは、イワシの後頭部を硬いくちばし（カラストンビ）で一気にかじり、脳から脊椎への神経系を瞬時に遮断してしまうためです。こうすれば、腕の中で魚は暴れることができません。さらに大きな魚の場合には、最初に頭の硬い部分だけをきれいに切り取ってポイと捨て、残りの肉の部分をコツコツとかじり

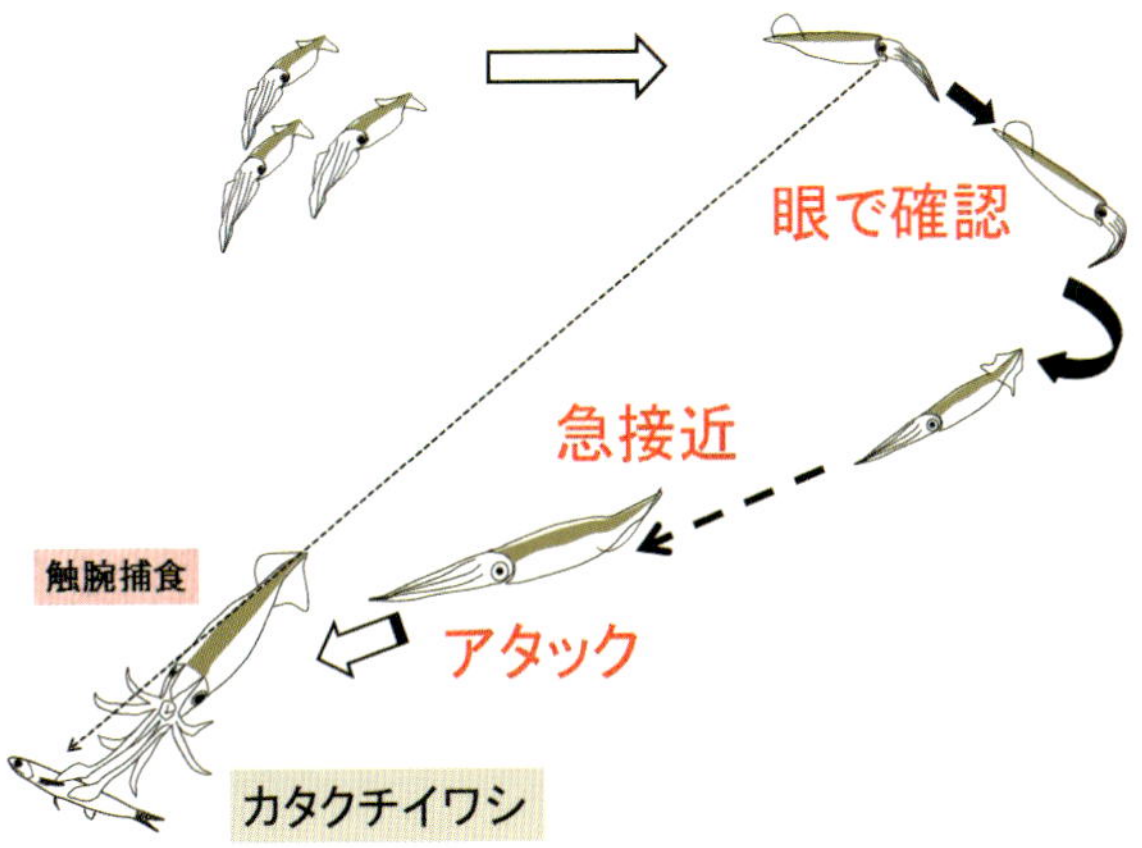

餌のイワシを確認して捕食するまで（作図／諸岡岬）

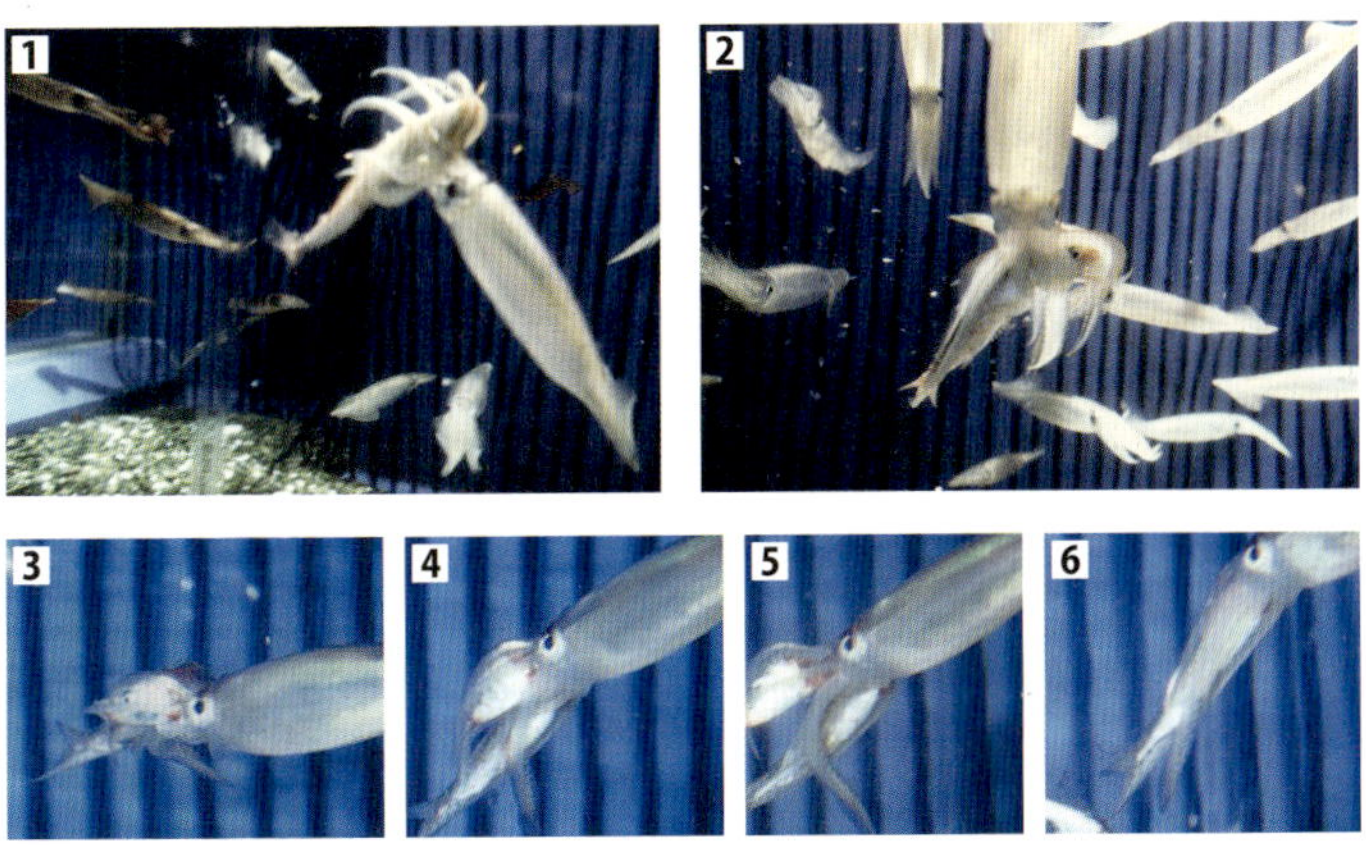

スルメイカの摂餌行動。1獲物を捉え、2神経を遮断し、3〜5頭を切り落とし、6胴体だけを食べる

ながら食べていきます。脊椎骨や尾の部分は食べずに捨ててしまうこともあります。この習性は、他のイカ類でも同じです。

この食べ方からヒントを得た研究があります。その一つは「エゾイソアイナメによるスルメイカの残餌の捕食」という題の東北区水産研究所・北川大二博士らと私の論文です。

岩手県の沿岸域には、多くの天然魚礁とともに水深100メートル前後の大陸棚に人工魚礁があり、この魚礁には通称「ドンコ」、正式にはエゾイソアイナメと呼ばれる魚が群れをつくっています。夏から秋にかけて、北川さんがこの魚の食性を調べていました。その中で、秋に漁獲されたドンコの胃の中から、イワシ類の頭と脊椎骨や尾部が大量に出てきました。最初は、船上で漁師さんが調理して頭などを捨てたものと思われていたようです。

しかし、送られてきた胃内容物の写真を見て驚きました。私たちが水槽で飼育したスルメイカが捨てる食べ残しと全く同じだったのです。めったにないイカ同士の共食いでも、おいしそうな胴体部分だけを食べて、ヒレの部分と腕の部分を捨ててしまいます。水深100メートルの海底に、スルメイカの宴の残り物がゆらゆらと舞い降り、それを食べる魚がいたことになります。

では、カラストンビで噛み砕いた魚などの肉片は、その後どのように体内で消化されるのでしょうか。
　カラストンビを囲む筋肉は強靭に発達しています。この口の中には、歯舌と呼ばれる、のこぎりの細かい刃のようなキチン質の板が整然と並んでいます。この歯舌で肉片をすりつぶします。すりつぶされた餌は、肝臓に沿って走る細い食道を通って肝臓の先端にある胃に届きます。さらに、人の腸と同じ機能を持つ盲嚢《もうのう》で栄養成分が吸収され、血管を通して肝臓に運ばれます。盲嚢には直腸がつながっており、消化できない餌の残りを肛門から排泄します。

　イカが消化できない栄養成分に脂肪があります。脂肪の多いイワシやサン

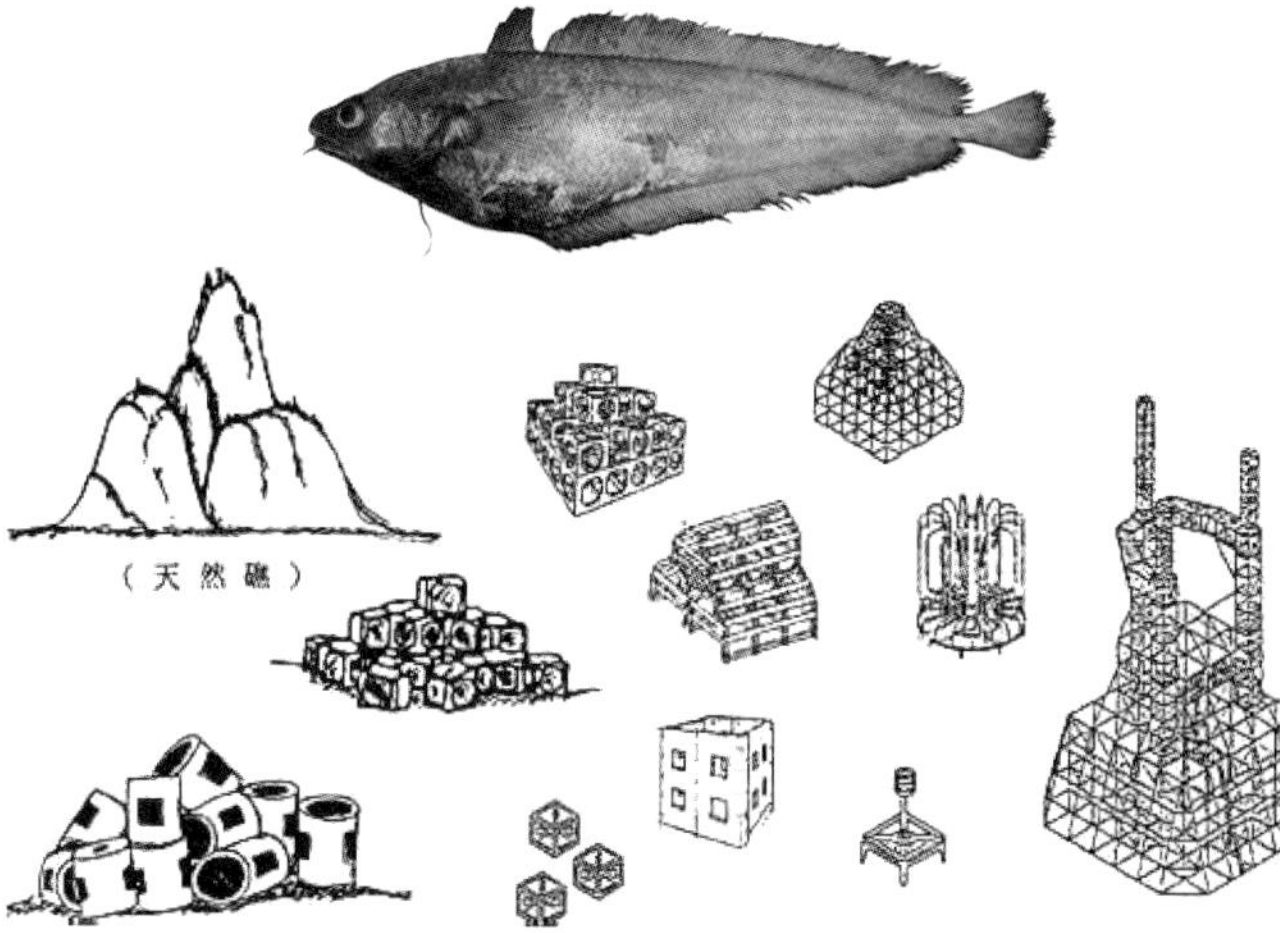

エゾイソアイナメと人工魚礁。海中で海底から突き出た岩山のようなところを「魚礁」「天然礁」と呼び、魚が多数集まり、陸の森や林のような役割を果たしている。「人工魚礁」はコンクリートブロックや鋼鉄製の人工構造物を海底に設置したもの

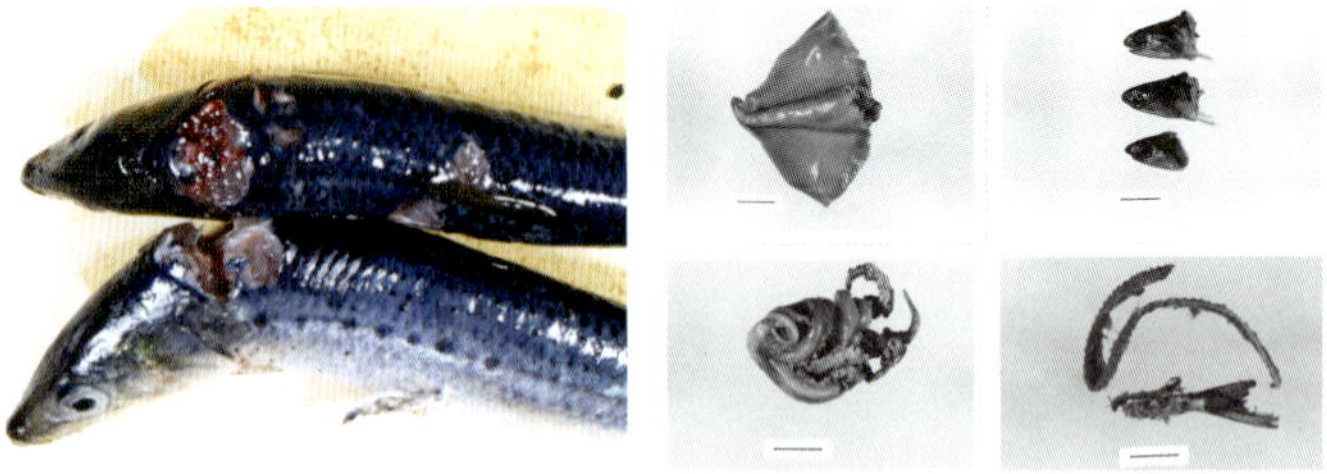

スルメイカのビーク（口器）で頭部を切断されたイワシ（左）と、
エゾイソアイナメの胃内容物
（右写真は北川他〈1992〉から）

口：腕の付け根にある　カラストンビ　歯舌

細かくちぎって、すりつぶして食べる
→消化が速い（スルメやヤリイカ：4～6時間、コウイカ：15～20時間）
→消化管は短く単純な構造

イカの口と歯
（「函館水産物マイスター養成協議会公式テキストブック」から。作図／岩田容子）

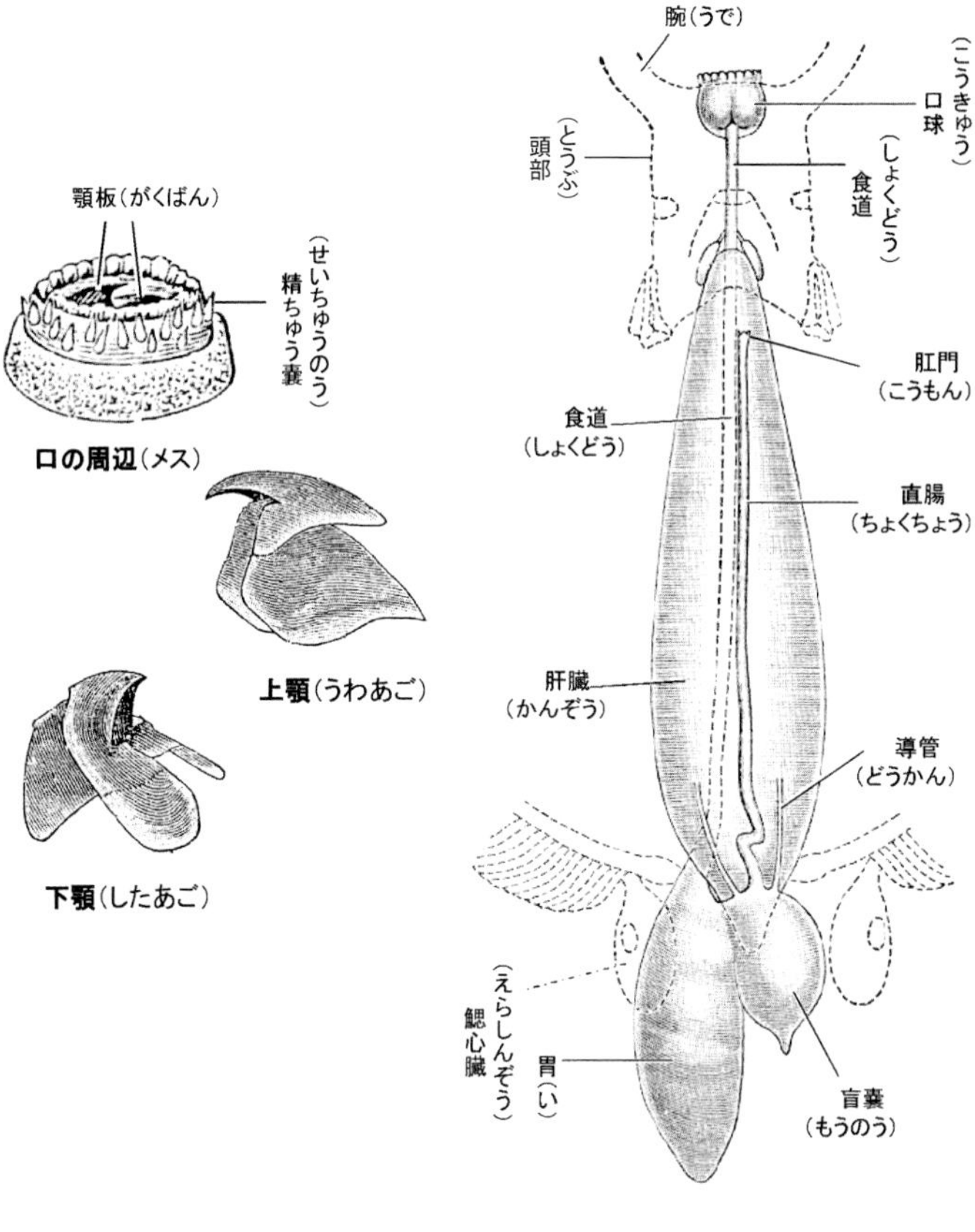

イカの消化器官
（「函館水産物マイスター養成協議会公式テキストブック」から。作図／山本潤）

マの切り身を餌で与えると、細くて白い糞が水槽表面に大量に浮かびます。そのため、スルメイカの飼育実験では、脂肪分の少ない痩せたサンマの冷凍品を探すのにいつも苦労しています。

イカは魚や哺乳類に比べて消化が速いことが特徴です。また、私たちの飼育実験によると、スルメイカの一日の最大摂餌量は体重の10～20％です。

ちなみに、私たちのスケトウダラの摂餌実験では、最大でも体重の４％を超えません。イカがわずか1年の寿命で大きく成長する理由がわかりますね。

イカは何月生まれ？

イカの寿命は1年で、外套長（胴長）５センチほどのホタルイカ、80センチに達するソデイカも同じです。温帯・亜熱帯性のイカ類ではそれ以上に短い種もいます。ただし、体重が数十キロに成長する大型のアメリカオオアカイカは2年の可能性があります。では、どのようにして年齢や誕生日を知ることができるのでしょうか。

イカ類には、頭の部分の両眼の内側に一対の平衡胞と呼ばれる感覚器官があります。この袋状をした器官の中に平衡石というカルシウム結晶が存在しています。魚類でも同様に耳石胞と呼ばれる感覚器官があり、イカよりは大きな耳石が入っています。例えば、マダラの耳石はサボテンの葉のような形をしており、これを薄く磨いて薄片にすると年輪が観察できます。この器官は、ヒトの三半規管に相当し、体の平衡感覚をつかさどっています。

スルメイカの場合は、ちょうどしっかり洗浄したコメ粒のような形をしており、大きさは2～3ミリととても小さな結晶石です。スライドグラスの上にマニキュアを垂らし、その中に平衡石を入れて固め、細かなサンドペーパーで磨くと、まるでレコードの溝のような細かな輪紋が観察できます。

この輪紋は、1日1本形成されると推定されていましたが、世界中のどの研究者もイカを長く飼って実験で確かめたという研究がありません。そこで私は1990年初めに、スルメイカを1カ月以上飼育して、その輪紋が1日1本できるかどうかを中村好和博士（当時・北海道区水産研究所）と一緒に調べました。テトラサイクリンという蛍光を発する抗生物質を餌のサンマ切り身に加え、それを飼育中のスルメイカに与えました。そして、35日後に再び同じ餌を与え、平衡石を取り出して調べました。（P34）

17個体のイカで調べた結果、この2本の蛍光マークした輪紋間の平均輪紋数は34・9本でした。驚異的な精確さであり、この飼育実験によって、輪紋は1日1本できることが証明されました。それ以降は、スルメイカ以外のたくさんのイカで、寿命や誕生日を調べる研究が進みました。先に紹介したアメリカオオアカイカの寿命が2年であるという可能性も、この平衡石の輪紋数から推定されています。

今では、北海道周辺で漁獲されるスルメイカでも、例えば7月に津軽海峡で漁獲されるイカが11月生まれ、11月に道東海域で漁獲されたイカの誕生日が1月あるいは2月生まれなどのように、みなさんが食べているイカの誕生日が詳しく調べられています。

またスルメイカの場合、ほぼ同じ大きさのイカ同士が群れを作っています。北大大学院生だったソン・ヘジンさん（現・愛媛大学）は、日本海や太平洋で採集した若いイカの誕生日を調べました。すると、

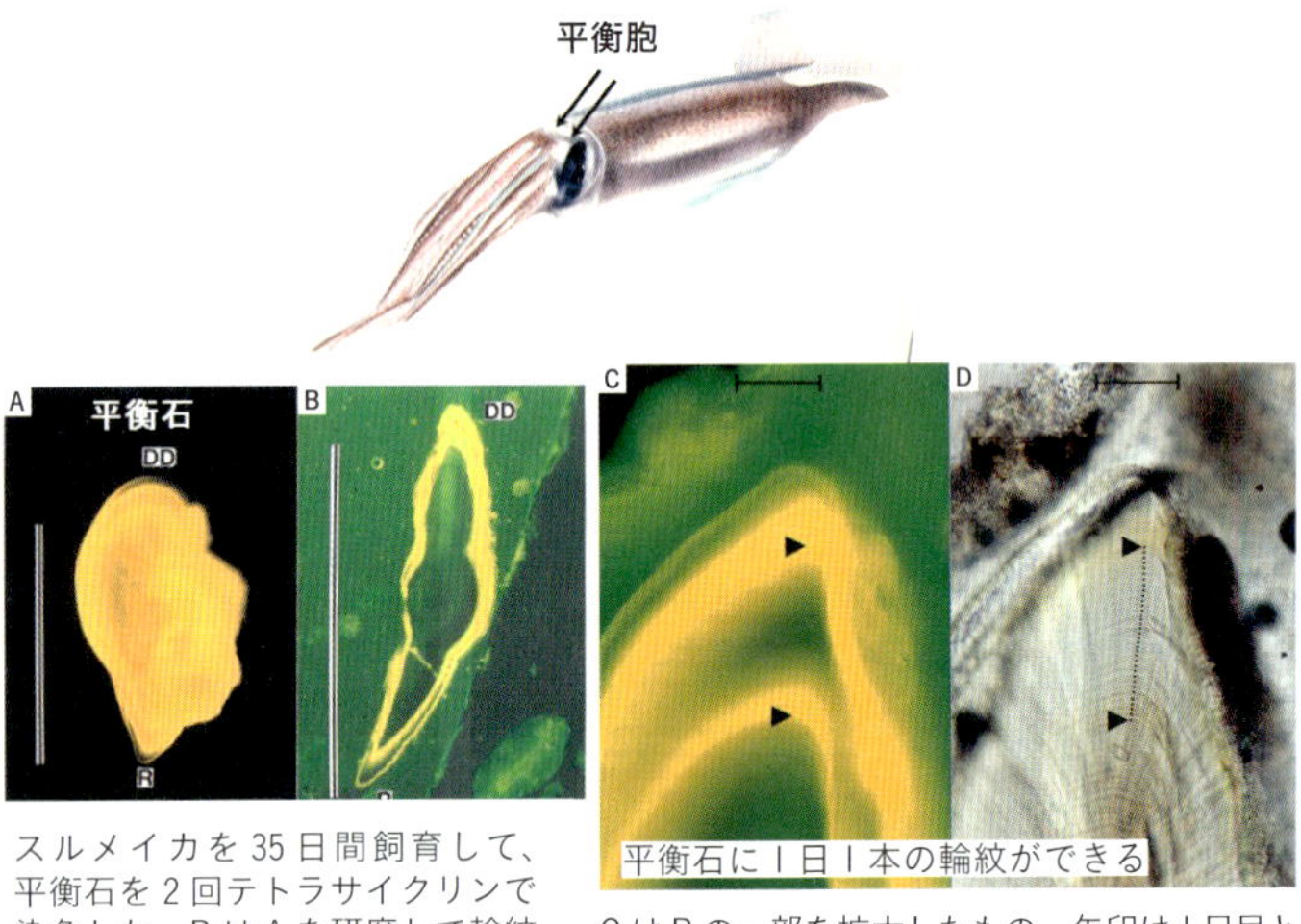

スルメイカを35日間飼育して、平衡石を2回テトラサイクリンで染色した。BはAを研磨して輪紋を見やすくしたもの

CはBの一部を拡大したもの。矢印は1日目と35日目を示す。Dで細かい輪紋が確認できる

スルメイカの平衡石中の輪紋が1日1本できることを初めて飼育実験で証明した
（A～DはNakamura & Sakurai〈1991〉から）

同じ大きさのイカであっても、誕生日が数カ月も違っていることがわかりました。おそらく、餌をせっせと食べて成長する時期には、成長の速いイカはより大きなイカの群れに入り、成長が遅いイカは小さいイカの群れに入るなど、海の中で群れの入れ換わりが起きているのかもしれません。これについても、「イカはなぜ同じサイズで群れを作るのか？その実態は？」といった研究に発展させていく必要があります。

もしかしたら、必ずしも1年、365日で産卵して死亡するのではなく、中には300日、400日あるいは500日のイカがいるかもしれません。これがイカ資源の減少・増加、環境条件、餌の量などの影響を受けているとすれば、将来の地球温暖化などの気候変化に対しても敏感に反応するはずです。「生物センサー」とも言えるイカの誕生日、寿命、大きさの関係を調べることは、地球の海洋環境の変化を知る手がかりになります。

それでは、タコではどうやって年齢を調べるのでしょうか。タコにはイカのような平衡石がありません。そのため、年齢推定が大変難しく、タグや入れ墨などで標識した個体を放流して再捕するなどによって年齢と成長推定が行われています。ちなみに、マダコの寿命は1〜2年。体重が30キロにまで成長するミズダコは個体の成長差が大きいのですが、青森県の野呂恭成博士によって、10キロ以上になると生殖器官が成熟し、寿命は3〜5年であることが最近わかりました。

アニサキスにご用心！

最近は、活魚としてイカ類がもてはやされる時代になりました。そのせいか、生きたイカの生態や扱い方から、果ては水槽のデザインについての質問まで受けます。ここでは、生きたイカを料理する方のために、長年の飼育経験から耳寄りな情報（私がそう思っているだけかも知れませんが）をいくつか紹介します。

調理に生イカを使う場合は寄生虫に注意しましょう。特に、秋以降の大型スルメイカの外套筋肉中に、アニサキス類と呼ばれる長さ1センチほどの蚊取り線香のような線虫がいることがあります（P38写真）。この線虫はサバなどに多く、時々胃腸内部に刺さり込んで、腹痛のもとになります。私も、自らの素人作りの〆サバでその痛さを経験ずみです。

身が透明であれば、開いたイカの胴体の内側に5ミリほどの丸く、時には横に細く白い部分がいくつもあるのが見えるはずです。この部分を包丁で開くと、クルリとしたまるで蚊取り線香のような形をした生きた線虫がでてきます。どうやら大型のイカは、この線虫が寄生する比較的大きな魚を食べるため、これがイカの胃袋を抜けて、身に入り込んだようです。イカの胴体内部にいるアニサキス類には2種類あることが、高原英生さん（現・日本海区水産研究所）の研究で最近明らかになりました。

高原さんは、私の研究室でスルメイカを飼育し、市販されているマダラやイカ鮮魚からせっせとアニサキス類を集め、なんと＊＊社製の「プッチンプリン」で長期間生かしておく術を発見しました。その後、2種類のアニサキス類に蛍光物質で染色し、イカの平衡石の飼育実験と同じように、サンマの切り身に入れてイカに食べさせ、その後一定時間ごとにイカを取り上げ、イカの体内のどこにアニサキスが入り込むかを調べました。その結果、人の胃にかみつくアニサキス・シンプレックスは、何とイカの胃壁に住み着いていました。

2種のアニサキスのうち、もう一方のラッペタスカリス（アニサキスの仲間。日本名はない）は自然の海では一個体も発見されませんでした。その生態や、どのようにイカの体内に寄生するかは不明ですが、こちらはイカの胴体の中心より下側に多くいることがわかっています。

調べたスルメイカの寄生率
431/3,417 (寄生率: 12.6%)

	寄生部位	寄生率(%)
アニサキス・シンプレックス *Anisakis simplex* s.l. •寄生していたスルメイカの個体数: N=154	➢**胃部・盲嚢外壁**	4.51
	➢外套膜前部内壁	0
	➢外套膜後部内壁	0
Lappetascaris sp. •寄生していたスルメイカの個体数: N=318	➢胃部外壁, 盲嚢	0
	➢**外套膜前部内壁**	9.31
	➢外套膜後部内壁	0.06

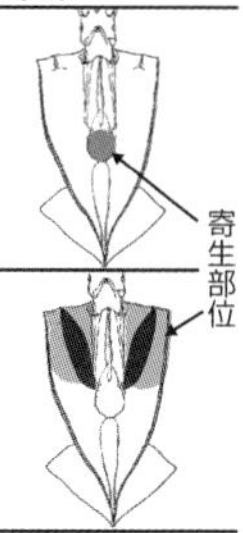

スルメイカ体内でのアニサキスの寄生部位（作図／高原英生）

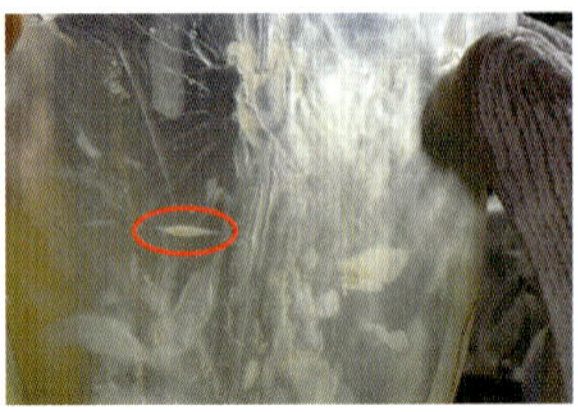

赤丸の白部分にアニサキス幼虫が入っている

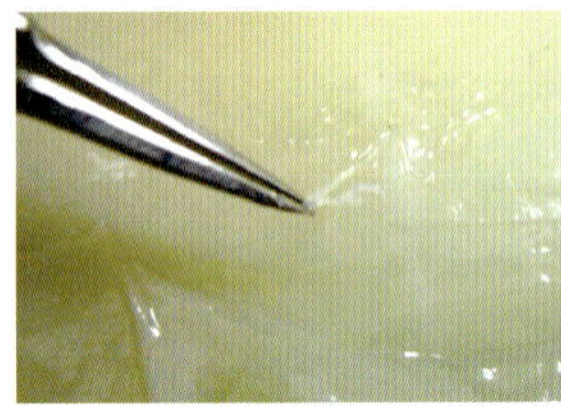

そこを切り開くと糸状の幼虫が取り出せる

アニサキス科線虫の幼虫（撮影／高原英生）

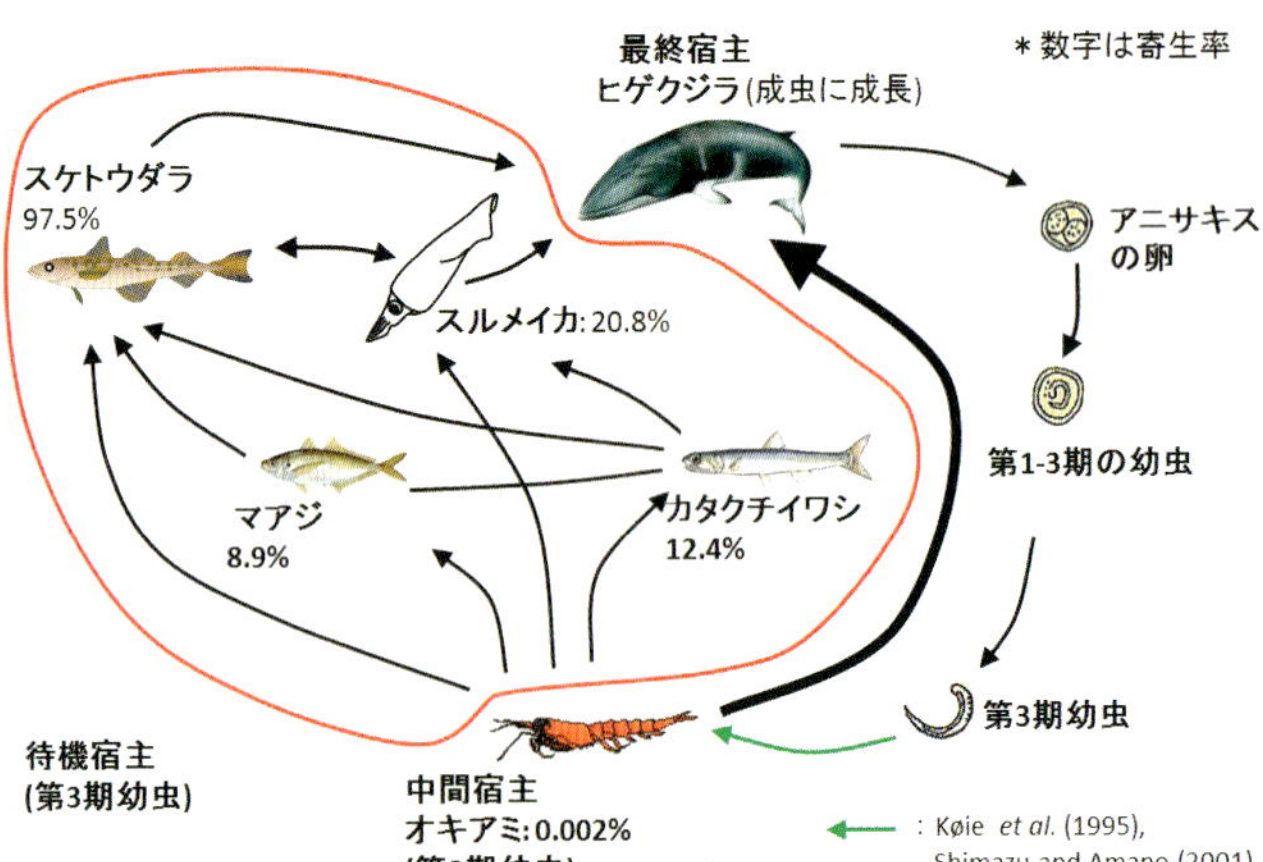

アニサキス *Anisakis simplex* の生活環（作図／高原英生）

人に害を与える「アニサキス・シンプレックス」は、イカが死んでしまうと胃から出て、胴体に入り込むこともわかりました。つまり、胴体のヒレ側に入っているアニサキスのほうが危険だということになります。

　アニサキスが寄生するのは秋以降の大型のイカに多く、これはイカが、アニサキス寄生したイワシ

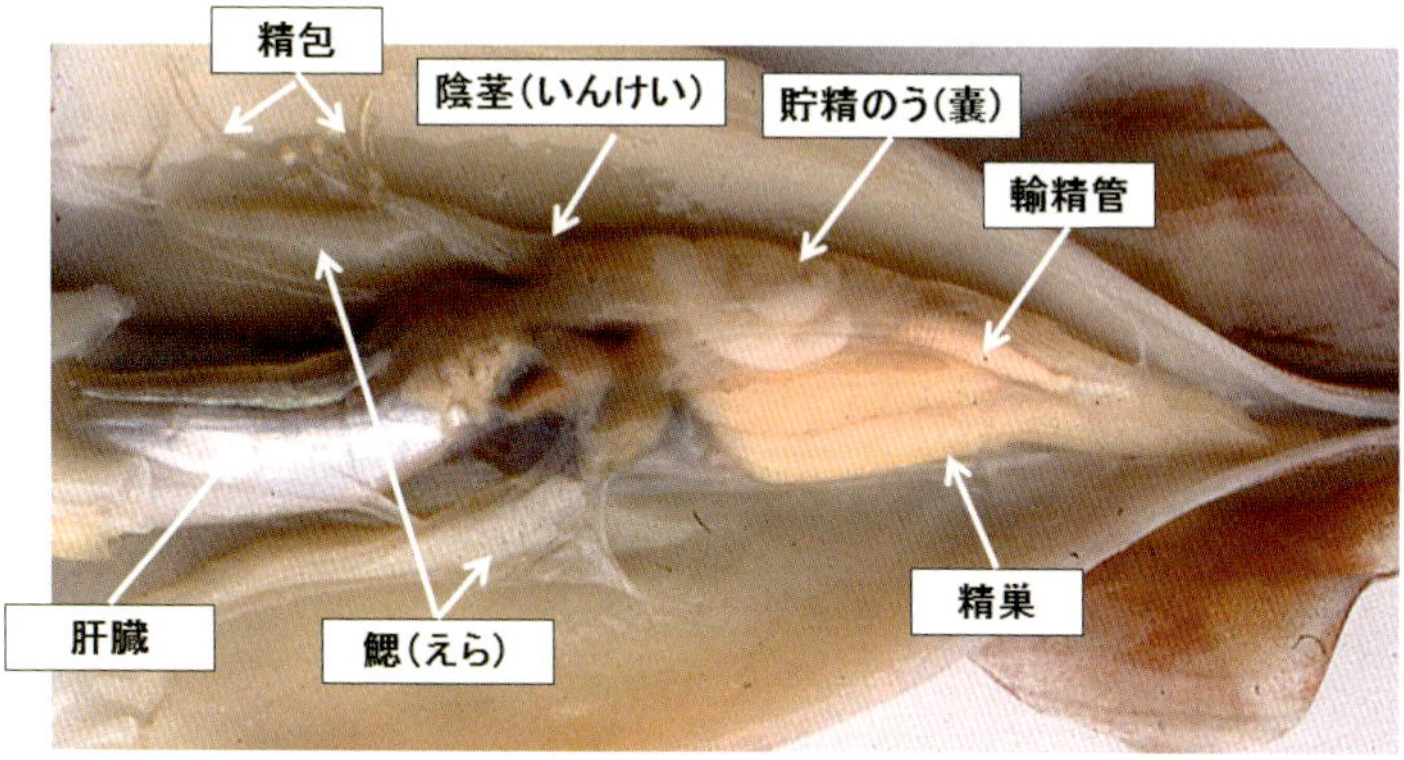

スルメイカ成熟オスの生殖器官

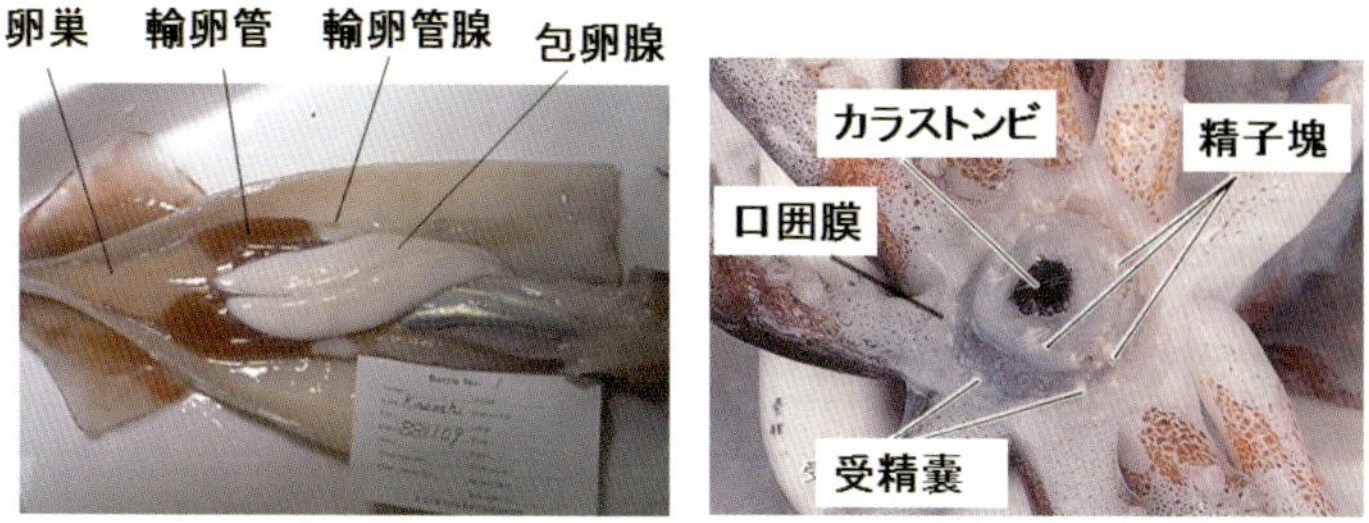

スルメイカ成熟メスの生殖器官

やサンマなどを餌としているからだと考えられます。新鮮なイカを刺身にするときにはよく胴体の内側を観察し、アニサキスを見つけたら取り出してください。

もう一つ、寄生虫ではありませんが、こんな話があります。

成熟したオスのスルメイカは、「精包」と呼ばれる精子の入った長さ2センチほどの細長いカプセル状のものを、肝臓（ゴロ）のそばの器官にたくさん持っています（P39）。日本海側のある地方では、これを食べているようです。どのような調理法かは知りませんが、実はこの精包カプセル内には精子の塊があり、このカプセルを軽く曲げると中の精子の塊が発射される仕組みになっています（P126参照）。もし、この精包をまとめて口に入れて歯で噛めば、白い数ミリの精子の塊が口の中や喉につぎつぎと発射され、ぺたりと粘着します。実際に、喉の「いがいが」した症状で通院した例が報告されています。寄生虫ではありませんが、くれぐれもご注意ください。

なお、メスのスルメイカ（特に秋以降）のカラストンビの周りには、この白い精子の塊が無数についていて、これだけでも雌雄の区別ができます。ちなみに、腹を開いてヒレの部分の先端内部のつるっと白い器官が「精巣」（しらこ）、その部分があめ色の器官が「卵巣」です。また、産卵期が近づいたメスの肝臓に沿って、魚の白子のような器官が一対あります。これは、「包卵腺」といううれっきとしたメスの生殖器官です。

イカ針にはなぜ〝もどし〟がない？

さて、イカの摂餌行動を紹介しましたが、イカが餌を捕まえるときには必ず同じ動作をします。それは、餌を捕まえた瞬間ピタッと止まり、前には絶対に進まないで、すぐにバック（後進）することです。

皆さんはイカ釣りの針（「イカ角」）を見たことがありますか？　針はこうもり傘のフレームのようになっていますが、よく見ると「もどし」あるいは「かえし」と呼ばれる部分がありません。

イカ釣りを経験した方ならご存知でしょう。何本ものイカ角がついたテグスを、一番下に付けた錘の重さで海中に下ろしていきます。そしてある水深に達すると、腕を上下に振ってイカ角を踊らせます（この動作を「しゃくり」といいます）。すると、一瞬重くなります。イカがイカ角をつかんだ瞬間です。その後、テグスをゆっくり持ち上げて船上までイカを上げた時に、イカ角を反対にしてイカを船上に落と

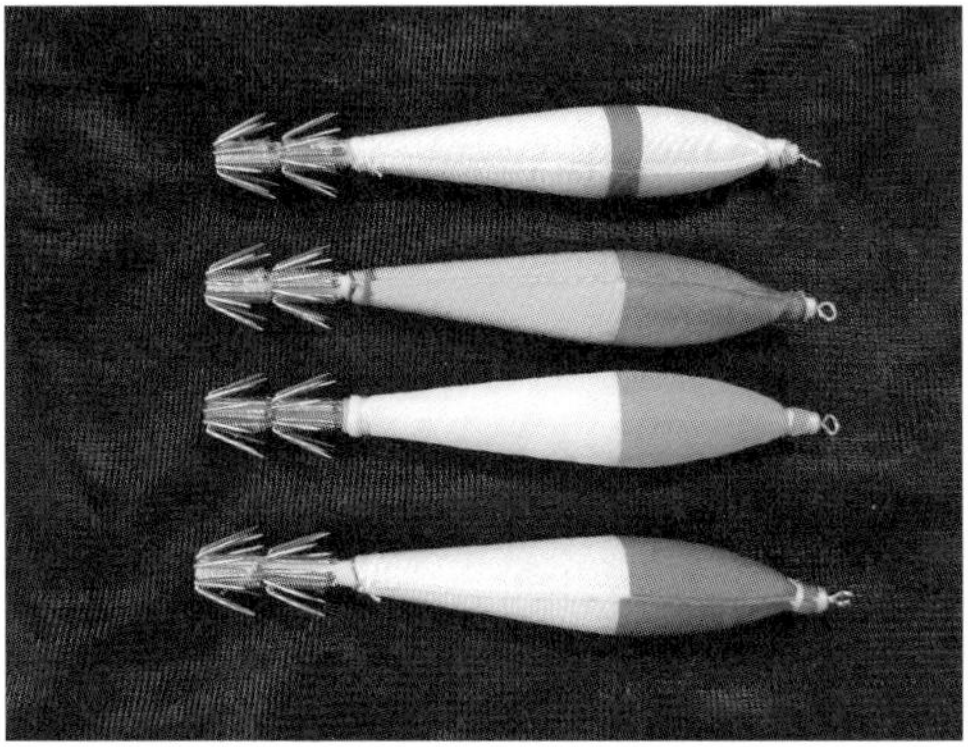

イカ角の針の部分には「もどし」がない

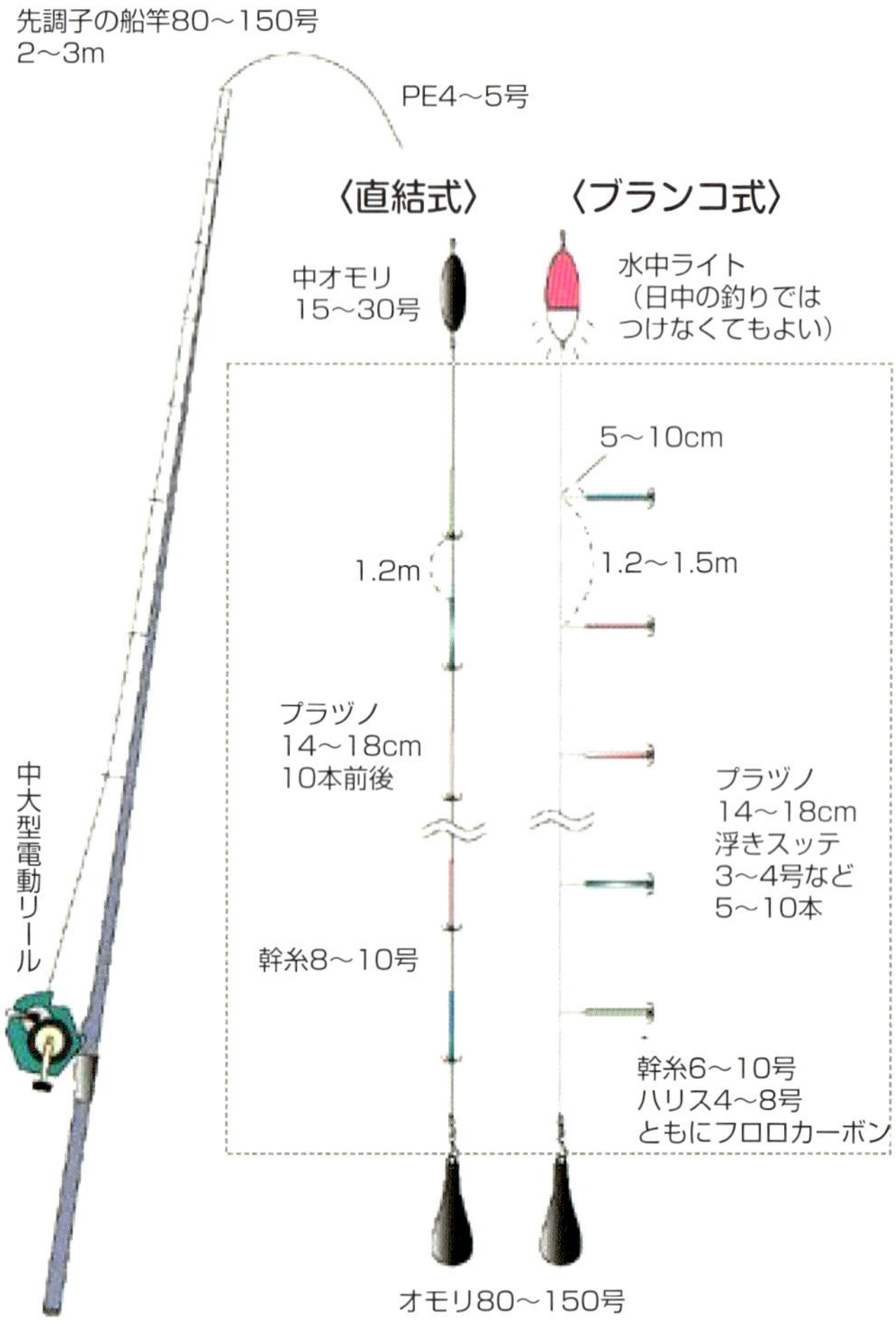

スルメイカ釣りの仕掛けの例

すのです。

ではこの間、イカはどんな動きをしているのでしょうか。海中のイカは、イカ角を格好の餌と勘違いして飛び付きます。動きの速いときは2本の触腕でつかみ、その後、他の8本の腕で抱きつきます。そこからは、イカ角とは反対方向に一生懸命引っ張り続けます。針に腕が刺さっているため逃げることはできず、そのまま釣り上げられることになります。

ところが、せっかちな釣り人がいたとします。彼は、イカがかかった後も、せっせと「しゃくり」を続けます。すると、イカ角にかかっているイカの腕から針がはずれ、イカは逃げることができます。イカを釣るときは、のんびり釣るのが良さそうです。

アカイカの悲劇

スルメイカの仲間で外洋性のアカイカは、最大で5

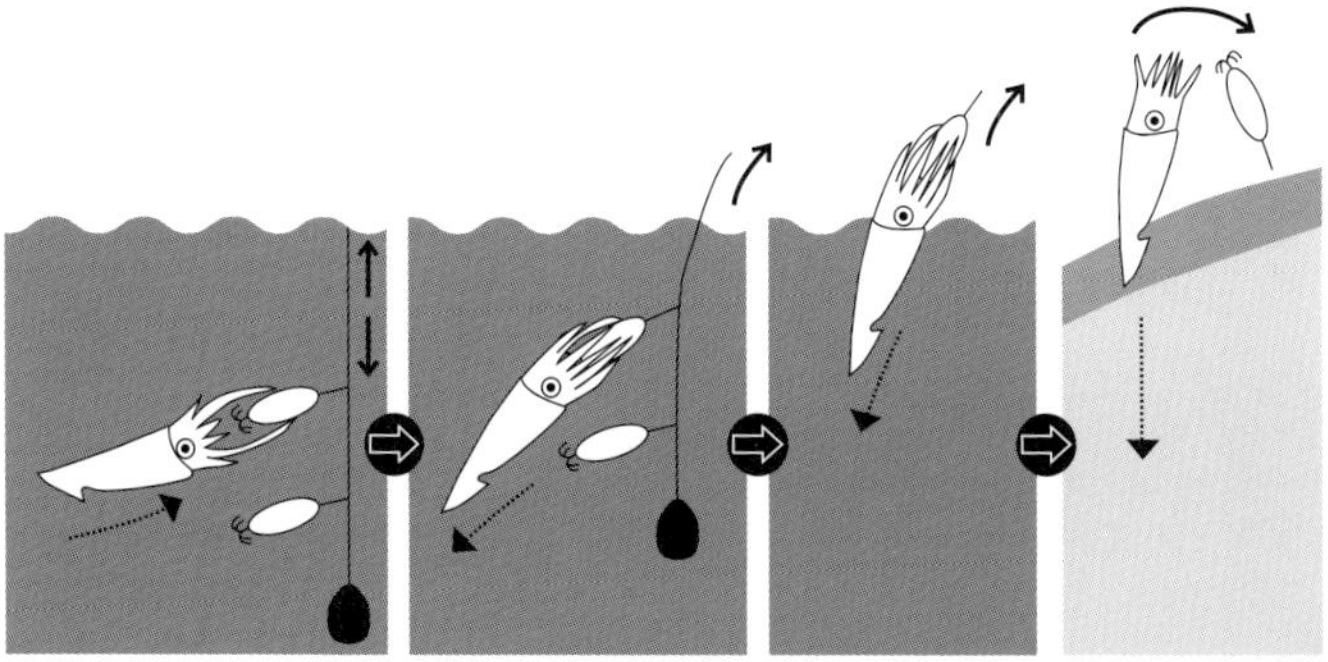

スルメイカがイカ角に掛かって船上に揚がるまで

〜6キロにもなる大型のイカです。別名「むらさきいか」とも呼ばれ、天ぷらなどの惣菜や珍味のソフトサキイカに利用されています。1990年初めまでは、北洋海域でのサケ・マス漁業と同じように、表層流し網で漁獲されていました。何十キロにもわたってこの網を海中に垂らし、サケやアカイカを網目に絡ませて漁獲する方法です。

多い時には年間35万トンもの水揚げがありましたが、93年に海鳥やイルカ類の混獲防止のため、国連決議によってイカの流し網漁が禁止されました。これに代わる漁法として、一般的な自動イカ釣り漁法がありますが、大型のアカイカは、その体重プラス胴体内に含まれる海水の重さで、なかなか船上まで揚がってきません。つまり、イカ角にかかっていても触腕だけが残って、本体は脱落してしまうことが多いのです。

その当時、漁具開発を担当している会社の方との雑談から、「ひょうたんから駒」のようなアイデアが生まれました。「イカはイカ用の疑似針にかかっても必ず自らひっぱる習性があるから、これを利用してイカが針からはずれない工夫をしては」となったわけです。そこで、「かえし」付きのイカ針を試作して、さっそくマグロ延縄ならぬアカイカ延縄の実用化のための実験を行いました。

成功すれば、今後のアカイカ漁業に光明が差します。そう願う一心で、北海道大学練習船「北星丸」（現在は廃船）の実習航海時の冬のハワイ沖で試験を行いました。小規模な試験漁具ですが、夜間に1時間ほどこの延縄を流しておくと、たしかに大型のアカイカが漁獲されました。疑似針ゆえに、他の魚や鳥、イルカなどの混獲もありません。

ところが、思わぬ事態が発生しました。アカイカの生息する場所には必ず大型のサメもいます。数時間して縄を上げると、せっかくのイカが、時には腕だけになっているのです。疑似針にかかって動けないイカは、サメにとっては格好の餌だったのです。アカイカ漁業の未来とともに、「これで実用新案特許を！」という夢も消えてしまいました。

第2章

夢の長期飼育

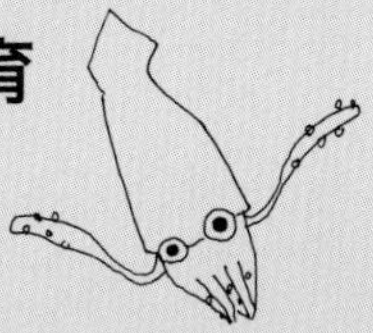

卵はどこに？

季節の旅人・スルメイカの一生の謎に興味を持ち、その生態と資源変動のメカニズムの研究に取り組んで30年近くになりました。私の研究テーマは、スルメイカを飼育して、その餌の食べ方、成長、そして成熟と産卵、さらに生まれたイカの赤ちゃんの育ち方など、スルメイカの一生を明らかにすることです。

意外なことに、身近にいるありふれた生き物ほど、その生き方には謎が残されています。例えば、自然の海ではスルメイカの卵は未だに見つかっていません。加えて、イカはスピードランナーであるため、水槽では長くは飼育できないと言われていました。

私たちに最もなじみのあるスルメイカを長期間飼育できないだろうか。そして、その生態の謎を探ることはできるだろうか。こう考えたのは、私が勤務していた青森県営浅虫水族館（現あさむし水族館）での１９８５年（昭和60年）の夏のことでした。

目の前の津軽海峡では、スルメイカ漁がさかんに行われています。「よし、それでは大型の水槽にスルメイカの大群泳を！」と企画したものの、文献や他の水族館での飼育状況では、せいぜい1～2週間が飼育の限界とされ、採集や輸送方法も確立していませんでした。「生きた餌でなければ飼育できない」「大回遊する習性のため、壁に激突してしまう」「水質が悪化するとすぐに死ぬ」など、聞こえてくるのは否定的な説ばかりでした。さらに、スルメイカの生態に関する文献を調べていくうちに、意外にも産卵行動が不明で、実際の産卵場でも卵が発見されていないことがわかりました。

スルメイカの産卵の謎を追いかけた研究は、昭和30年代の浜部基次博士（日本海区水産研究所浦郷支所＝島根県）の論文以外には見あたりません。しかも、博士の研究以後30年たっていた当時でも、追試も検証もされていませんでした。寿命は1年とされているものの、本当に1年で死んでしまうものなのか、また産卵後のイカの運命もわかっていません。

年魚としてはアユが有名ですが、岐阜県の揖斐《いび》川のそばで育った小中学生のころは、毎年春に若アユとして遡上し、晩夏にサビのついたような婚姻色となって再び下っていくこの魚を、夜中まで追いかけていました。アユの一生とスルメイカの生涯は同じようなものなのだろうか。大学院生時代に、1トン足らずの水槽で、当時は飼育すら困難と言われたスケトウダラの産卵行動の観察に4年間を費やした私にとっては、スルメイカは格好の実験対象に思えました。

大水槽ができた！

1985年、青森県営浅虫水族館で私は、スルメイカの2カ月以上の長期間飼育に成功しました。

以来、毎年さまざまなスルメイカの飼育研究を続けてきました。例えば、異なる水温のもとでの摂餌とからだの成長、そして生殖器官の成熟、メスに対するオスの詳しい交接行動、透明で直径80センチほどのアドバルーンのような形をした卵塊（中には数十万個の1ミリほどの卵が収容されている）を産む産卵行動、世界初の人工授精卵の発生や、ふ化した幼生が生きられる水温や塩分の条件など、飼育実験からは多くの新しい発見がありました。

(第三種郵便物認可) 61.10.1 東奥日報

県営浅虫水族館 スルメイカ

飼育記録を更新

国内最長の80日

県営浅虫水族館が挑戦しているスルメイカの長期展示飼育が、一日で八十日目を迎えた。これまでは同水族館が昨年七―八月につくった四十日が最長記録。全国でも他に例がないだけに、関係者は記録の更新に喜びもひとしおだ。

スルメイカは非常に神経質ですぐ死ぬ例が多く、同水族館ではスルメイカの個体を補充しながら、昨年一回目の飼育を行った。今回の展示飼育は七月十三日から始め、これまで四回の補充を繰り返しながら次々と飼育日数を増やし、一日で飼育八十日とした。現在飼っているのは二十四匹で、八月二十一日に下北郡東通村白糠から三回目の補充をしたものが主。このうち十四匹は九月三十日で四十日目となり、昨年達成した個体の生存記録五十日も破るのは時間の問題となっている。

至難の業といわれているスルメイカの長期展示飼育について、飼育班のリーダーである桜井泰憲さん([illegible])は「搬送、照明、水温、えさ―と、昨年の経験が大いに役立っている。漁民の協力もあり、不安はない」と、記録の継続に自信を見せている。同水族館では、条件が許す限り展示飼育を続ける予定だ。

展示飼育記録を更新中のスルメイカ

ウミガメ引っ越し

県営浅虫水族館で三十日、

あかを落としてもらうウミガメ

飼育記録「国内最長の80日」を伝える新聞記事

（「東奥日報」1986年10月1日朝刊）

飼育実験から得られた研究成果をもとに、スルメイカの産卵からふ化した幼生が回遊を始めるまでの過程（再生産過程）の仮説を作りました。これに基づいて、寒冷・温暖などの気候変化に伴う海の環境変化が、卵やふ化幼生の死亡と生存にどのように影響するのか、それが毎年の、あるいは十年、数十年のスルメイカの資源の変動とどのようにかかわっているのか、さらにこれからの地球温暖化の影響予測へと研究を進めてきました。

しかし、水槽では観察できたスルメイカの透明な大型卵塊が実際の海で無数に漂っているところは未だに発見されていません。生まれたばかりの幼生の最初の餌も見つかっていません。どれだけふ化幼生を多く育てようとしても、ふ化してわずか4、5日以内に死んでしまいます。

2014年6月、函館市によって、市内の旧函館どつく跡地に「函館市国際水産・海洋総合研究センター」が

函館市国際水産・海洋総合研究センター

開所しました。このセンターには、私の夢であった待望の300トンの大型飼育実験水槽が設置されました。この水槽を使って、これまでの研究成果を確かめる飼育実験、ふ化幼生の最初の餌の解明、そして幼生の飼育実験が可能になりました。このような大型水槽でのスルメイカの仲間の飼育研究が行われているのは世界で函館だけです。その成果については後ほど詳しくお話しします。

初めての飼育

浅虫水族館でのスルメイカの飼育の前に、わずかながらスルメイカの飼育を経験できる機会がありました。1979年（昭和54年）の夏、函館の青年会議所の主催による移動水族館が、旧国立病院の建物を利用して開催されました。当時は「函館にも水族館を！」という気運が燃え上がり、江ノ島水族館館長の廣崎芳次博士（現・野生水族繁殖センター代表）の指導のもと、アルバイトとして私が

センターに設置された大型飼育実験水槽

スルメイカの飼育を担当することになりました。

そのとき私は、北海道大学水産学部卒業後、引き続き大学院生として「スケトウダラの産卵生態に関する研究」をしており、スルメイカのことは全く無知でした。

廣崎先生が考案した水槽は直径2・5メートル、深さ80センチ、水量約4トンの透明なアクリル製の円柱水槽（底面濾過方式）で、その観覧面には太い格子模様の薄いアクリル板が取り付けられていました。この水槽の形と模様は、イカが視覚で壁を識別してぶつからないようにとの配慮からです。しかし、見学に来た方々からは「イカが見えない」という苦情があったため、廣崎先生の目を盗んで、大胆にもこの格子を少しずつ開け、とうとう観覧面の180度、ちょうど半分を開けてしまいました。

約1カ月間の開催でしたが、イカ釣り漁船での採集、輸送、水質・水温管理などすべてが手探り状態。しかも当時は冷却機がなく、開催期間中は昼夜を問わず氷を入れて冷却し、スルメイカの餌付けショーと称して高級なエビを食べさせたことなど、私にとっては初めてのスルメイカの飼

1979年に函館で開催された「水の中の生き物展」で展示されたイカの回遊水槽。全国初の試みだった

育体験であり、イカの魅力にとりつかれたのもこの時でした。

忘れることのできないこの水槽にはちょっとしたエピソードがあります。この水槽は、84年夏に行われた函館市内のデパートでのスルメイカの展示に利用されました。翌年から始める予定になっていた浅虫水族館でのスルメイカ飼育にはこの水槽が最適にちがいないと、さっそく私は函館を訪ねました。一時、行方不明になっていたこの水槽を捜し求めた先が市内のある料理店で、私は「水槽を譲って欲しい」と頼み込んだのですが、それがやぶ蛇となり、「函館はイカの街なのだから、この水槽で生きたイカをお客さんに食べさせたい。ついては、ぜひ活魚（つまり生きたイカ）の扱いを教えて欲しい」と言われたのです。

当時の函館は、イカ釣り漁船が生け簀で港までイカを運んで来ても、朝のせりの直前には箱詰めにされていました。忙しいさなかに生きたイカを悠長に扱うことは、よほどの覚悟がなければできなかったはずです。

結局この料理店では、この水槽を使って生きたままのイカを提供することになりました。実はこれが函館

函館市五稜郭にある料理店の活イカ水槽

で最初の活イカ流通の始まりであり、その後、北大退官後に函館製網船具の顧問をしていた鈴木恒由先生によってスルメイカの活魚輸送技術と装置が開発され、函館から東京まで生きたイカが運べる時代になり、市内の魚屋でも生きたイカが売られるようになったのです。

スルメイカの飼育研究の原点となったこの水槽は今も現役でこの店で使われていて、私も時々会いに行くことがあります。

失敗の連続

さて、青森の浅虫水族館でのスルメイカ飼育に話を戻します。1985年夏のスルメイカの初めての飼育展示には、前述の円柱水槽が手に入らず、長方形の約30トン水槽の内部にビニールシートで楕円形の衝突防止ネットを取り付けて飼育することになりました。さらに、観覧側以外の部分には格子模様ではなく、縦じま模様を入れました。余談ですが、この縦じま模様、本当は格子模様にしたかったのですが、つい面倒くさくなって手抜きをした結果です。今でも、縦じまが入った水槽をみると、つい顔が緩んでしまいます。

この模様は、イカが視覚で壁を認識して衝突をできるだけ防ぐことが目的でした。4トンの円柱水槽であれば10個体ほどのイカですんだのですが、30トンともなれば約100

個体のイカを群泳させなければなりません。どうやって生きたイカを採集し、どのように運ぶのか、文献を探しましたが、どこにも詳しく書かれていません。採集から輸送、飼育方法まで、まさに試行錯誤の連続でした。

定置網乗船採集では、大時化による激しい揺れで船上のタンクの中の海水が空になってイカが全滅、同時に捕れるウマズラカワハギの鋭い刺でイカの体が傷だらけ。イカが大量に捕れた時には、辺り一面の海水が墨で真っ黒になり、船上のタンクに入れる海水もイカが見えないほど真っ黒になって全滅です。また、輸送時の活魚槽の中に収容したイカが多すぎて、水族館に到着した時にはイカ同士が

しま模様が入ったイカ水槽（1985年、青森県営浅虫水族館）

互いに腕でからみ合い、大きなイカのダンゴになって全滅したことなど、失敗はいやというほど体験しました。おかげで、職員や近所の方々には、その度に新鮮なイカを配って大変喜ばれましたが……。

そしていよいよ、30トンの四角い水槽で生きたスルメイカを飼育展示することになりました。幸いにも、下北半島の東通村の白糠漁協では「昼イカ釣り」が行われていました。午漁師の橋本さんに、自動イカ釣り機ではなく手釣りで活イカを採集してもらいました。午後3時には港に戻るので、それを活魚トラックで約2時間かけて水族館に運びます。水槽に収容して、すぐ餌付けです。

細い釣竿の先を少し曲げて、アジの切り身を刺し、イカの腕に触れさせます。すると、すぐに切り身に抱き付きます。こうなると、次からはアジの切り身を水槽に投げ入れるだけで、イカはさっと飛びついてきます。でも1日2回は餌を与えないと、イカ同士の共食いが始まります。また、夜間も少し照明をつけておきます。できるだけ、壁にぶつかって傷つかないようにするためです。これでようやく、生きた餌を与えなくても、スルメイカを長く飼育することができるようになりました。

幸いにも、この夏のスルメイカの展示では、約100尾のスルメイカを群泳させることができました。当時の様子は、ノンフィクション作家・足立倫行氏のルポ『イカの魂』（情報センター出版、1985年）に次のように紹介されています。

「……僕と桜井はスルメイカの水槽の前にいつまでも立ち尽くしていた。（中略）飼育がほとんど不可能とされていたスルメイカを水族館の明るい水槽の中で見るのは感動的な体験であった。（中略）『できれば、ここでスルメイカの生活史を最初から全部観察してみたいと思っているんですがね……』と言って、今はもうスルメイカが好きでたまらなくなったという34歳（当時は私も若かったのです）の若い水族館職員は、褐色の逞しい腕を組んだ」

そして翌年からは11トンの水槽で飼育展示を行い、その年は7月から12月の6カ月間の展示で、スルメイカの個体の国内最長飼育記録82日間を達成することができました。

スルメイカは、他のイカ類と同様に体色の変化が実に素早く、一瞬のうちに透き通るほど青白くなったり赤銅色に変化したりします。外套（胴体）の背中側や各腕の上面、眼の上部は、上からの照明によってコバ

刻々と体色を変えるスルメイカ
（1985年、青森県営浅虫水族館）

ルトブルーの光を放ちます。かれらが群れて泳ぐ姿は、いくつものイルミネーションが並んでいるようで何とも言えず美しい。でも、この水槽の前に立ったお客さんの第一声は「生きたイカが泳いでる！　おいしそう！」が断然多かったことを、今でも忘れません。

初の専用水槽

1987年の夏、廃止直前の青函連絡船で津軽海峡を渡り、函館にある古巣の北海道大学水産学部に戻ってきました。スルメイカとイカ飼育の魅力にとりつかれた私にとっては、飼育の現場から離れることが心残りでした。何としても、スルメイカの謎だらけの生態について、飼育実験を通して謎解きがしたかった。再び、かの料理店の円柱水槽を訪ねたものの、もはやイカの活魚料理で有名になり、とても手放してもらえそうにありません。半ばあきらめかかっていたところに、偶然にも数百万円の研究費が水槽を作るための予算として使えることになりました。

とはいえ、思い描いていた水槽は約15トン容量の砂濾過循環式で、かつ温度コントロールのできるもの。これまでの飼育経験から、水温は15℃から20℃の間が好ましい。飼育室は、外界の光を遮断した自動調光設備にしたい。水槽の形態は、かつてテキサス大学のガルベストン校医学部で、ヤン・ウォンタク博士がヤリイカ類の周年飼育と数世代の継続繁殖に成功した長楕円（レースウェイ）型がいい。1970年代後半から80年代はじめに約600トンの巨大なアクアトロン水槽でスルメイカの近縁種であるカナダイレックス（カナダマツイカ）の産卵行動を解明したオドール博士の研究に及ばないまでも、それに近い研究がしたい。こんな思いを込めて見積もってもらった水槽の値段は約1500万円。とても手が届きませんでした。

でも、数百万円の予算はあります。さっそく自分で設計にかかることにしました。水槽を設置するのは北大付属臼尻水産実験所です。渡島半島の太平洋側に面した南茅部町にあります。近くにある漁船の機器を扱う業者に相談し、小型漁船と同じFRP（繊維強化プラスチック）で作ってもらえることになりました。まさに赤字同然の仕事です。加温冷却機も、既製品を購入すれば百数十万円。仕方なく各メーカーから部品を取り寄せ、函館市内の電機メーカーに頼み込んで安価で組み立ててもらいました。研究

北大臼尻水産実験所（函館市臼尻町）に設置されている
レースウェイ型水槽

室の教授にも、少ない講座研究費の中から細かな濾材などの消耗品を出してもらいました。

完成したのは１９８９年の６月でした。夢にまで見たスルメイカ飼育研究用の専用水槽です。水族館時代には、何も知らない小さな子どもが喜んで水槽のガラス面をたたくことにも神経を使っていました。今度はそうした心配もなく、スルメイカの生態を心おきなく調べることができます。スルメイカの産卵の謎を解くための道具ができたのです。

生きたイカの採集

私の専門研究分野は、海洋生態学、水産海洋学です。主にイカ類、タラ類、回遊性浮魚類（海で生活する魚類）の生活史と生態、特に地球規模での寒冷・温暖変化や地球温暖化に対する資源変動のメカニズムを研究しています。この研究では、国内でも例の少ない飼育研究を手がけてきました。世界で初めてスケトウダラ、マダラ、スルメイカの産卵行動を解明し、アカイカとスルメイカの人工授精にも成功しています。このような研究では、健康な魚類やイカ類を採集・輸送し、水槽内で長期間飼育する必要があります。

特に、長期飼育が難しいのがスルメイカです。すでにスルメイカの飼育は80年代から続けており、毎年２カ月以上も給餌・飼育して、さまざまな実験を行っています。目的は、未熟なオスとメスイカの成長、成熟、産卵、そして死ぬまでの様子を詳しく調べることです。長期間飼育するためのイカは、「釣りもの」は適していません。腕（足）の神経までイカ針が刺さって神経が傷つくため、数日以内に腕が縮れてしまい、餌づかずに死んでしまいます。ただし、手釣りの場合は針が短いため、ケンサキイカやアオリイカでは腕内部の神経が傷ついていない場合があります。私たちは、定置網に入網したイカを、傷つけることなく実験用の水槽に収容しています。

函館市の旧南茅部町は、クロマグロ、イワシ、イカ、サケを対象とする大謀網（浮式大型定置網）漁が有名です。7月後半から12月初旬にかけて、大謀網にはスルメイカが入網します。1回の網起こしで100トン以上のスルメイカが漁獲されることもあります。このように大量に入網した時は大きなすくい網で船上にイカを揚げますが、その際に、圧力を受けたイカは「苦悶死」しており、一気に鮮度が落ちてしまいます。そのため、昔から定置のイカは柔らかくて、活イカや高鮮度イカに適さないとされてきました。

それでは、私たちがどのように定置網のイカを長期飼育に利用しているか、順を追って説明します。イカのサイズによって多少収容数が異なりますが、飼育には50〜100尾を採集します。船上には0・5〜1トンの丸型水槽を置き、現場海水を満たし、酸素のエアレーションをしておきます。欲張ってたくさんのイカを水槽に入れると、互いに腕で絡み合って全滅します。活魚輸送の時も、サイズによりますが1トンの水槽当たり50〜100尾で

小型のタモ網による活イカ採集
（撮影／ソン・ヘジン）

ビニール袋を使ったイカの輸送
（船上から活魚トラックタンクに載せ飼育水槽まで）

大型のタモ網による活イカ採集（撮影／松井萌）

あれば、酸素エアレーションだけで4時間程度の輸送ができます。

魚獲り部の網を絞り込んでいくと、イカが群れになって海面近くに集まってきます。これをタモ網（底に海水が溜まる仕様のもの）で何度かすくい、水槽に入れます。つまり、イカを空中にさらさないようにしていますが、ヤリイカ類では、普通のタモ網ですくっても問題ありません。この際、墨を吐くことは少ないですが、水槽内で墨を吐いている場合は、速やかに新鮮海水を注入して除去します。また、上面にはイカが飛び出ないよう網をかぶせておきます。あとは港まで酸素エアレーションだけで輸送できます。

最近は、一度にたくさんのイカを一気にすくえる大きなタモ網を使っています。これなら、活魚に適したブリ、サバなども、魚に一切手を触れることなく船上の活魚水槽に収容できます。

定置網の構造

空気にさらさず運ぶ

活イカの輸送から飼育では、イカの種類によって適水温が違います。スルメイカでは13～23℃が適温。ヤリイカはおよそ7～18℃です。他のイカ類では経験がありませんので、それぞれのイカで適水温を見つける必要があります。

津軽海峡では、8月末から9月にかけて海面水温が24℃以上になります。この時期には、イカ釣り漁船の活イカが死ぬことが多く、問題になっています。その場合は、採集から飼育までの水温を、氷や冷却機で適温内に常に維持することが重要です。また、イカ類は低塩分に弱い生き物です。普通の海水は3・2～3・5％ですので、少なくとも3％以上に維持することも大切です。

港に着いてイカを活魚トラックに運ぶ際も、私たちはビニール袋を使っています。つまり、イカを一切空中にさらさないよう配慮しています。活魚トラックでの輸送時は酸素エアレーションのみですが、簡易な濾過機と加温冷却機による水質保持があれば、より長距離の輸送ができます。輸送時にもっとも注意すべきことは、前記した収容尾数と水槽内の照明です。イカは完全な暗闇では泳げないため、水槽の中で互いに絡み合って死んでしまいます。そこで私たちは、夜釣り用の小型水中ライト1個を水槽内に沈めておきます。これで十分です。

餌のやり方

私たちが普段飼育に使っている水槽は、15トン容量の楕円型と10トンの円形水槽です。いずれも実験水槽で、加温冷却、サンゴ砂による開放式濾過循環をしています。壁面には縦じまや格子模様を入れていますが、これはイカの眼の良さを利用して壁に気づかせて衝突を少なくするためです。また、空気のエアレーションを行うのは濾過槽のみで、飼育水槽では行いません。活魚輸送時と同様に、夜間も小量の照明をしています。

飼育中のスルメイカには、浅虫水族館の時と同様に餌として冷凍サンマやアジなどの切り身を与えています。一般にイカ類は、餌の魚類の肉質部のみ摂餌し、頭部や脊椎骨は食べないためです。

飼育を始めると、スルメイカはどんどん成長していきます。そして、途中から成熟が始まります。「成長」とは、食べた餌の栄養分すべてを、体を大きくするために使うことです。一方「成熟」とは、食べた餌の栄養分を、精巣や卵巣などの生殖に関わる器官に回すことです。つまり、成熟が始まると、食べた餌の栄養分の体内での配分が、体を大きくすることよりも、次の世代に命を託す方に配分されることになります。

飼育水温と成長・成熟の関係は後述しますが、12℃以下では餌を食べず、1～2週間以内に死んでしまいます。そのため、産卵生態に関する実験時には14～15℃で数週間飼育し、

10トン型円形水槽

サンマの切り身を捕えようとするスルメイカ
（撮影／ユ・ヘギョン）

オスによるメスへの交接行動が頻繁に見られ、メスの卵巣の成熟、輸卵管への完熟卵の排卵が目視で確認できた段階で、水温を17℃に上げています。さらに、メスの排卵が進行し、産卵が近くなった段階で、オスは水槽から揚げ、メスも一部は人工授精実験、そして数個体のメスは水温を19℃以上にして産卵行動観察を行っています。

このような実験用飼育ではなく、定置網の活きたイカを漁港の建物内で短期蓄養する場合はどうでしょうか。

最近は、1トン規模から数十トン規模の大小さまざまな折り畳み式のシート丸型水槽が市販されています。水深は浅い方がイカの扱いが容易です。また、使用しないときは折り畳んでおくことができます。

短期蓄養は、時化などで価格が上がったイカ類を飼育する出荷調整に適しています。ここでは、海水取水から濾過循環までの詳細な説明は省きますが、重要なのは飼育水温と水質、収容尾数です。

それぞれのイカは、適水温のうちできるだけ低い温度で蓄養すれば、痩せが遅れます。また、無給餌飼育は、イカの旨味成分や栄養価を著しく損なうため、冷凍の小型のアジ、イワシ、サンマなどの頭と骨をとって与えます。竿先の先端に針金をつけ、餌を刺してイカの腕に渡すと食べます。その後は、餌を投げ与えるだけでも食べるようになります。実際にスルメイカでは、沖で獲って活〆したイカよりも、餌をやって短期蓄養したイカのほうが旨味成分が増すとの報告があります。

イワシ vs イカ

2014年7月に、函館市国際水産・海洋総合研究センターの大型水槽で、私が長年思い続けたスルメイカの群泳を再現できるようになりました。夢でしかなかったスルメイカの群泳を、この眼で見ることができたのです。

大水槽は幅10メートル、奥行き5メートル、水深3・5メートルで、約200トンの海水が入っています。最初は胴長15センチほどの小型のスルメイカを300個体ほど収容し、同時に、ほぼ同じ大きさのカタクチイワシも同じ数だけ入れました。「きっと互いに牽制し合って、イカとイワシの群れが別々にできるだろう」と予想したからです。ところが、それはほんの一瞬だけで、しばらくするとイカは表面近くを群れ、カタクチイワシはてんでんばらばらに水槽の底近くを泳いでいます。時には平気でイカの群れに入り込んでいます。おそらく、イカに食べられることはないと考えたのでしょう。全く予測に反した結果でした。

ただし、9月になって水槽での産卵実験のために大型のスルメイカを入れたとたん、カタクチイワシが集まって、まるで一つの大きな生き物のように、水槽の片隅に群れができました。大型のイカにとっては、カタクチイワシは餌として最適な大きさです。そのため、イワシたちが身を守るために群れを作ったのでしょう。

大水槽で互いの行動を見ていると、意外にもイカがイワシを襲う様子がほとんど見られません。しかし、弱ったイワシが群れからはみ出たとたん、イカは一瞬にして襲いかかります。この摂餌行動を研究する北大4年生の諸岡岬君は、ヒレの部分を少しカットして泳ぎを下手にしたイワシを入れると、同じようにイカが摂餌することを観察しています。また薄暗い夜間の状態にしておき、朝、水槽の底を見ると、イカの食べ残したイワシの頭や骨があることから、弱って襲いやすいと判断した獲物を薄暗がりの中で見極め、捕食すると推定されます。

さて、小型のイカを飼育している時に、諸岡君をはじめ他の学生や院生がビデオ撮影をしていました。そのビデオを観ると、自分と同じぐらいの大きさのカタクチイワシに果敢にも突進していくイカがいました。

まず触腕でとらえ、懸命に腕の中に抱え込もうとしています。イワシの延髄部分を噛み切ってようやくおとなしくさせたものの、明らかに魚体の大部分が腕からはみ出ています。するとと別のイカが近づいてきて、はみ出た魚体を抱え込みました。他のイカも次々とやっ

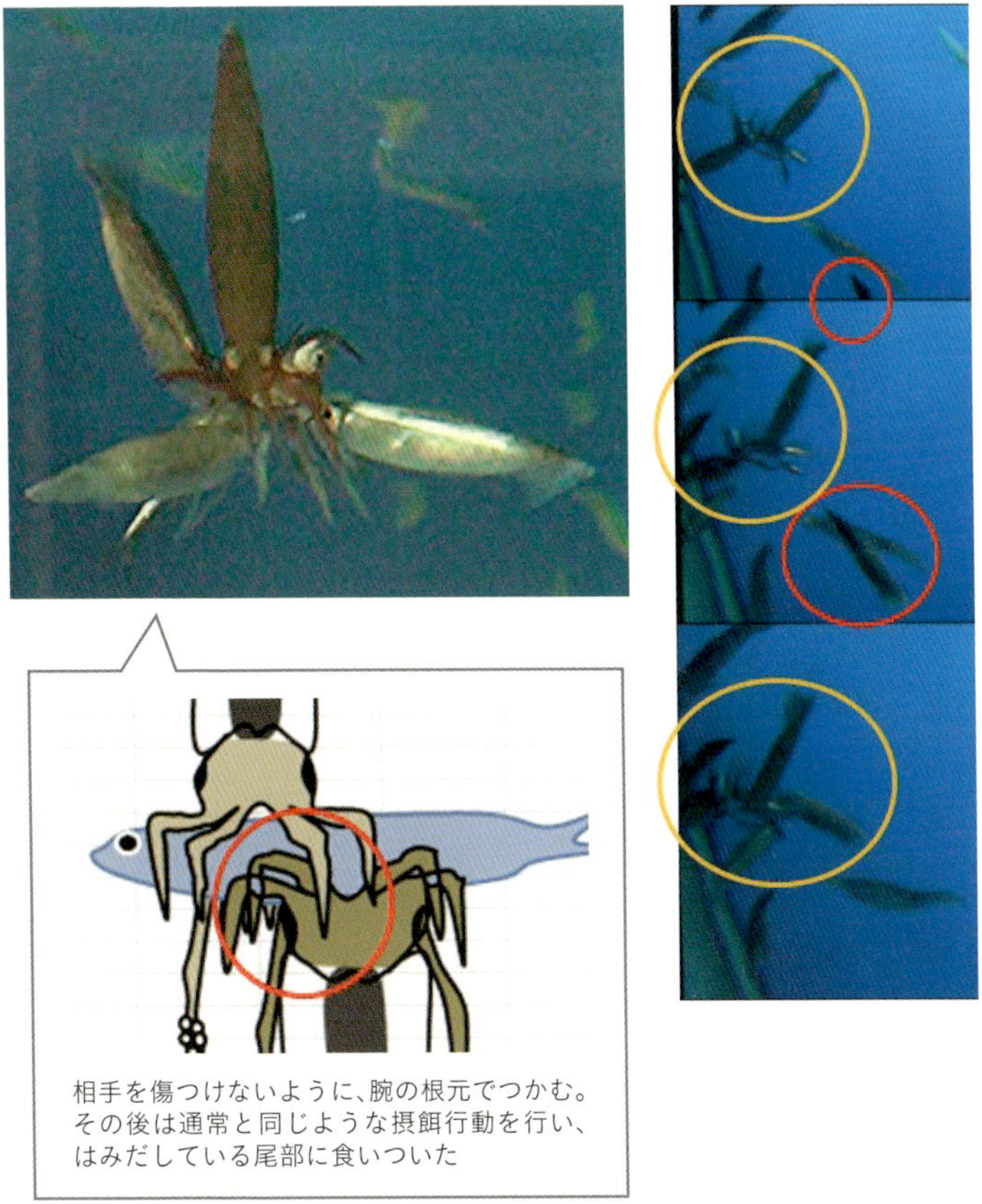
相手を傷つけないように、腕の根元でつかむ。
その後は通常と同じような摂餌行動を行い、
はみだしている尾部に食いついた

大型水槽で観察された小型スルメイカによるカタクチイワシの集団摂餌
（撮影・作図／諸岡岬）

て来て、5個体のイカがイワシにしっかり腕を広げて抱きつき、カラストンビで魚肉部分を食べだしました。合計50本の腕はしっかり広がっていて、互いの腕は絡み合っていません。イカが協働してイワシを摂餌する行動を初めて観察できたのです。

スルメイカは「季節の旅人」です。南の海から餌の豊かな北の海へと、群れをなして移動します。餌は、小さな動物プランクトンの他、時には自分より大きな魚に飛びつくこともあるのでしょう。そうした時は、協働して大きな魚を分け合うこともあるはずです。

私が受け持った最初の大学院生で、学位を取得した池田譲さん（琉球大教授）のグループは、沿岸性のアオリイカの群れ行動を詳しく調べ、個体同士を互いに認知しあった社会行動をとることを発見しています。外洋回遊性のスルメイカ類では、そうした群れとしての社会行動は確認されていません。果たして、協働するスルメイカの摂餌行動が偶発的なものなのかどうか、また新しい研究テーマへのチャレンジが始まります。

第3章

漁火に集まるのはなぜ？

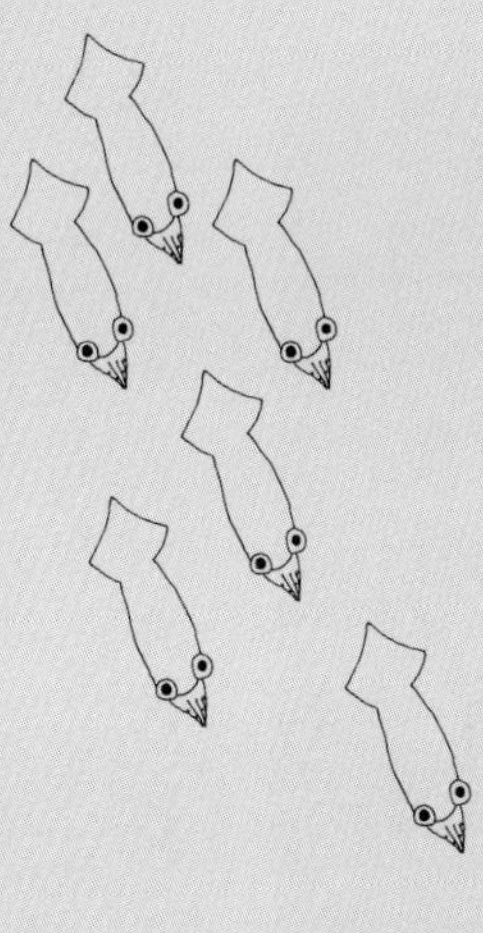

明るいところが好き？

夏から秋にかけては、函館の海岸から海を眺めると、必ずどこかで暗闇の海に浮かぶ漁火を見ることができます。その多くは、夜にスルメイカを釣るイカ釣り漁船の漁灯です。函館山からは、大森浜に沿って点々と連なる漁火、そして対岸の下北半島の漁火が海と空を照らす夜景を楽しむことができます。

アメリカ航空宇宙局（ＮＡＳＡ）は、夜の地球上の明かりを、夜間可視画像として人工衛星から毎日観察しています。たしか１９８９年秋のことだったと思います。日本海を夜間に初めて通過したＮＡＳＡの夜間可視衛星が、日本海の島根県隠岐島沖の大和堆から韓国の東海岸にかけて、東京やソウルなどの大都市と同じくらい明るい光のかたまりを見つけ、日本海に突然巨大都市が出現したと勘違いしたそうです。

ではなぜ、イカは漁火に集まるのでしょう

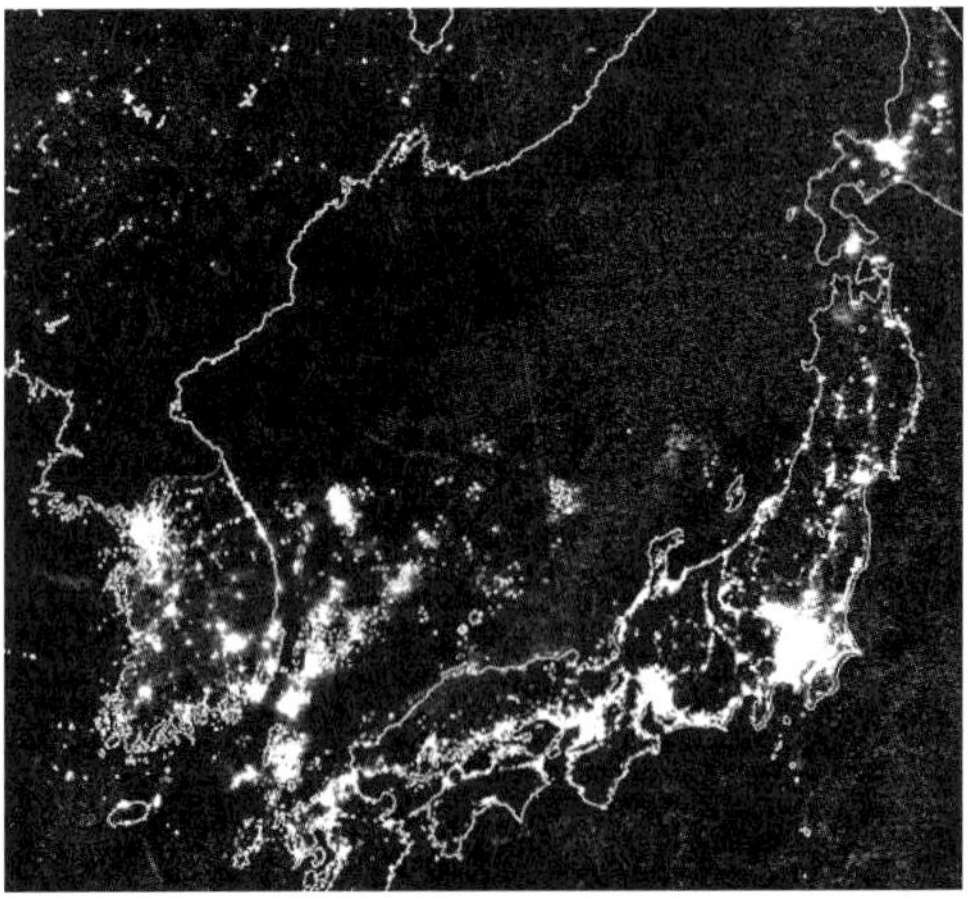

宇宙衛星から見た日本海の夜景
（1998 年 12 月 25 日夜、米国の軍事気象衛星に搭載されている可視・赤外域センサーのデータ）

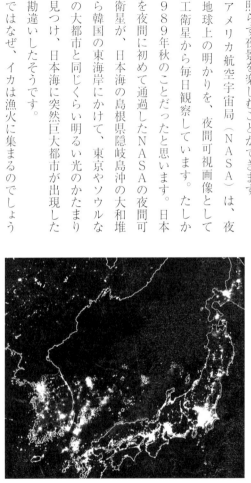

か。イカ釣り専門の漁業者でさえ、「イカは明るいところが好きだから集まるのさ」と信じています。ちょうど、街の街頭に蛾などの昆虫が群がるのと同じだと思われているようですが、それは違います。

その質問に私は、「イカはたしかに明かりが好きです。ただし、薄暗いところが一番好きなんです」と答えます。私たちは、スルメイカの飼育実験の一環として、スルメイカとヤリイカの赤・青・緑・白色の光に対する眼の生理的反応と行動を調べています。そこで得た結論が、「光は好きだけど、薄暗い影の部分がもっと好き」なのです。

スルメイカを例に説明します。スルメイカは、小さい時は海面近くの浅い部分で生活しますが、成長するにつれて昼は薄暗い深い場所へ、

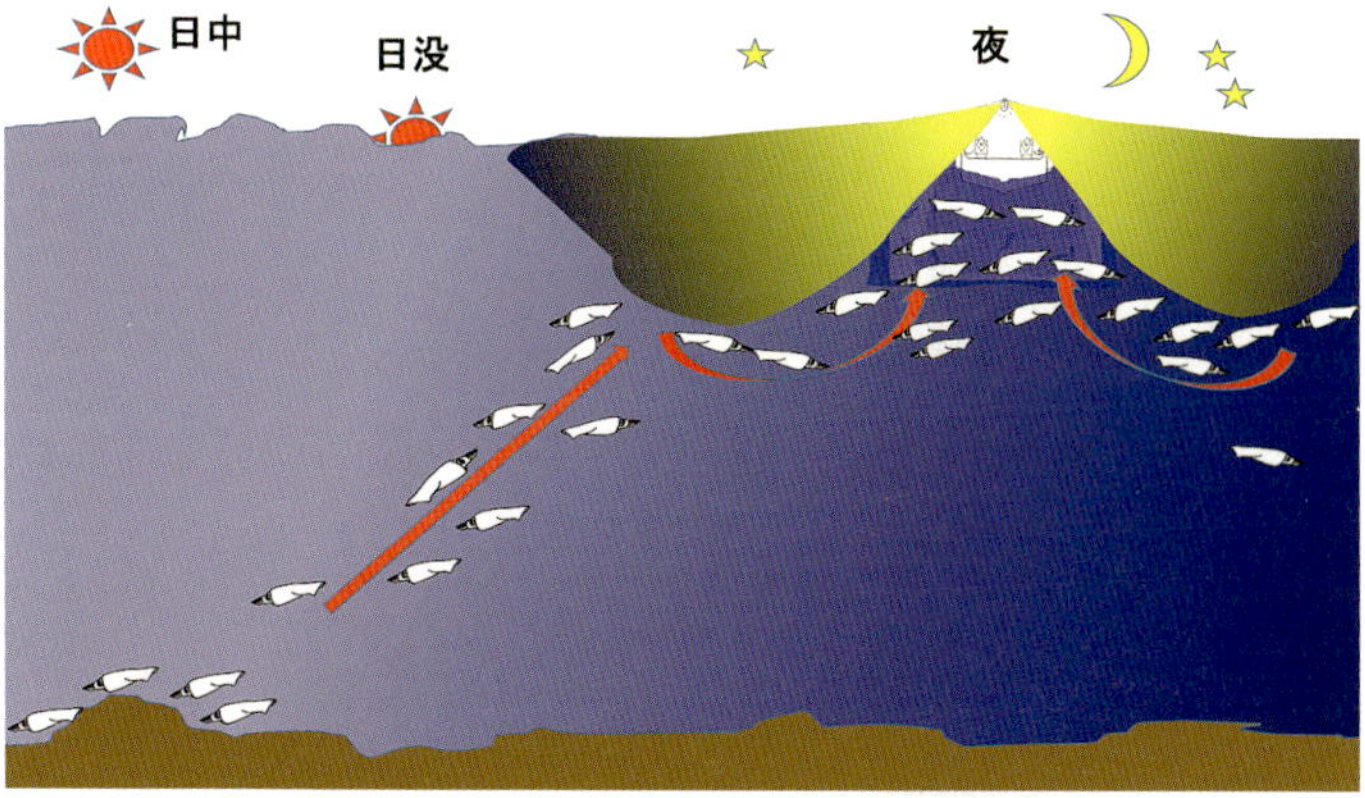

スルメイカの一日の上下移動とイカ釣り漁船の明かり

夜は月と星の明かりが照らす浅い場所へと毎日上下方向に移動しています。つまり、日が沈んだら海面近くに現れ、日の出前から深い場所へと潜っていきます。日中の生息場所は、海水の透明度にもよりますが、水深100メートルより深い場所です。時には500メートル以上も潜ることがあるようです。夜は、月の満ち欠けにも影響されますが、およそ水深50メートルあたりにいるようです。

満月にはなぜ釣れない？

ではみなさん、薄暗いところが大好きなイカになってみましょう。

日が沈み、次第に海の中は暗黒の世界が広がっていきます。少しでも明るいところを求めて、月と星の明かりが届く浅い水深まで上がっていきます。すると突然、海面近くにぱっと明るい光が見えてきます。それが眼に入ると、とてもまぶしくて何も見えません。ちょうど、長くて暗いトンネルを抜けて、突然太陽に照らされたような状態です。

そのとき、傘のように広がって海中を射るように照らす明かりの真ん中に、薄暗い場所を見つけました。すかさずその影の部分に入ると、そこはイカ釣り漁船の下だったのです。そこには、餌のように見えるいくつものイカ針が上がったり下がったりしています。影から突進して餌をとらえたと思ったら、あっという間に針にかかったまま、明るくて何も見えない船上にたたきつけられてしまいました……。

満月の夜はどうでしょうか。海中からは、漁火よりも月の明かりが勝っていることがあります。海全体が薄明るいため、船底の影の部分と、月明かりが照らす海の境界がはっきりしません。そのためイカが船の下に集まってこないので、満月の夜はイカがあまり釣れないことになります。

陸から見る漁火は、まるで数珠つなぎのように夜の空と海を煌煌《こうこう》と照らしています。夜間飛行中の飛行機の窓から漁火を見る機会があったら、注意して見てください。漁船は1カ所にかたまっていることは決してなく、一定の間隔をあけて操業しています。船同士が近づきすぎると、互いの船底の影の部分をなくしてしまい、イカが船底から逃げてしまうからです。

もし、漁港に行ってイカ釣り漁船を見ることがあったら、漁灯の並んでいる位置に注目してください。船の両脇ではなく、少し内側に並んでいるはずです。これは、船の周りをできるだけ遠くまで明るく照らし、船底に影の部分を作るためです。

現代のイカ釣り漁船は、白くて強い光を放つメタルハライド集魚灯を使っています。集魚灯の方式は、かつてのかがり火からアセチレン灯、そして白熱灯やハロゲン灯へと変わってきました。

昔も今も、イカは夜間に明かりに近づく（入るのではなく）ことに変わりはありません。ただし、より強い漁灯に変わっていった結果、小型船のかがり火に「湧き上がって」きたイカを海面近くで釣っていた時代に比べて、漁の対象にする水深がどんどん深くなっています。今の漁灯は広い海を照らし、より深いところまで光が届くようになったためです。

光の3原色の赤、青、緑の中では、青と緑の光がより深い深度まで届きます。赤の光や赤外線は海面近くで吸収されるため、イカのいる深さまでは届きません。一方、多くのイカ類の眼は赤い色を識別できず、青から緑色の光の範囲で「もの」を見ていると考えられます。

暗闇に座るイカ

イカ類にとって、餌となる生物を見る、捕食者から逃げる、仲間と一緒に泳ぐ、オス同士で互いに牽制しながら伴侶を見つけるなどのコミュニケーションのためにも、眼からの情報はとても重要です。

イカ類の眼は、他の無脊椎動物に比べて高度に発達していて、脊椎動物とほぼ同様に、カメラのように球形のレンズ（水晶体）で光を網膜にとらえる構造になっています。しかも、ヒトの眼では真っ暗にしか見えない薄暗い環境に適応しています。

船体の中心線上に集魚灯を搭載したイカ釣り漁船

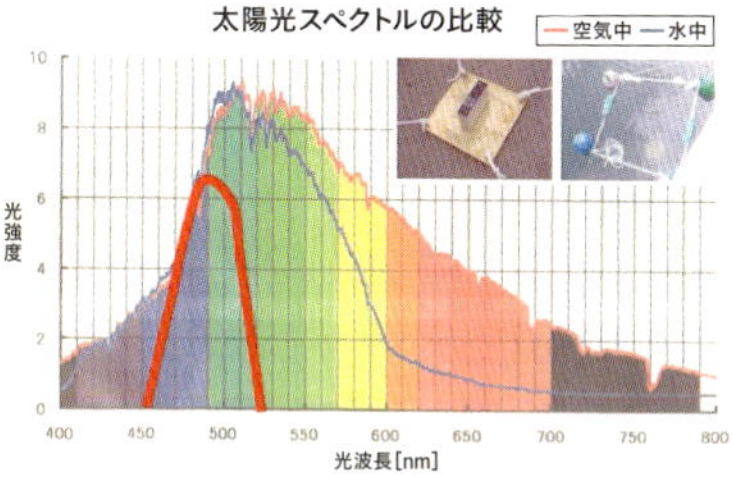

太い赤線はスルメイカが識別できる光波長の範囲。青〜緑色だけを認知する
（提供／香川大学・岡本研正教授）

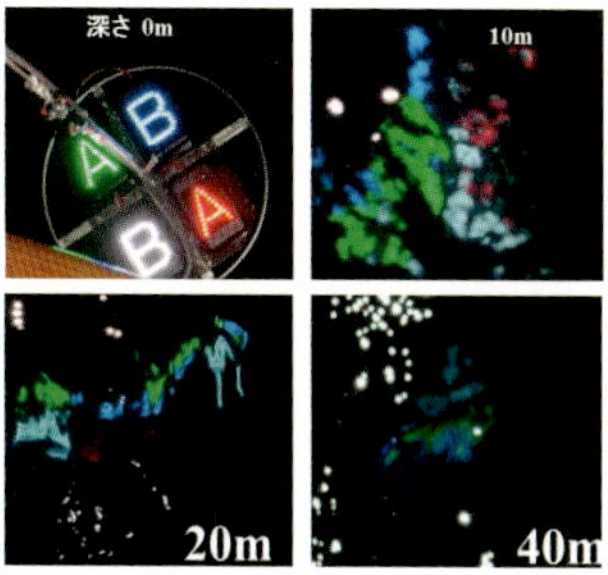

赤、緑、青、白のLED灯の文字表示を海中に沈めて光の到達度を観察。赤と白の光はだんだん見えなくなる
（提供／香川大学・岡本研正教授）

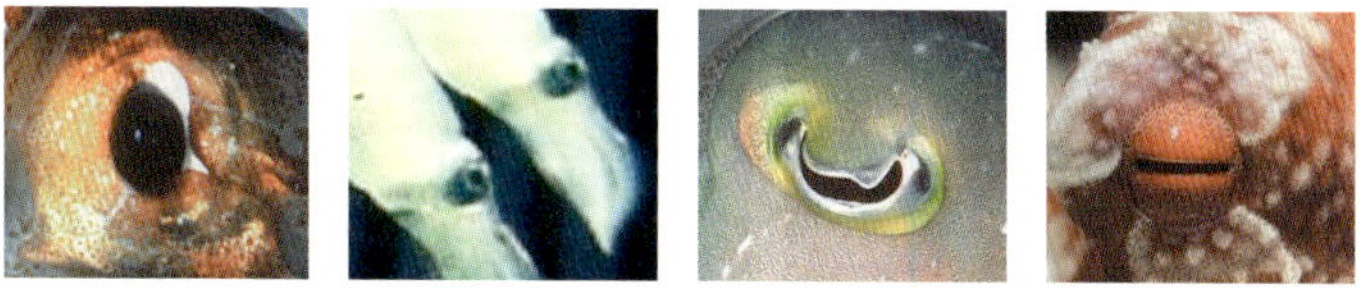

（左から）開眼類のスルメイカ、閉眼類のヤリイカ、コウイカ、タコの眼

スルメイカの仲間は角膜の中心が開いていて、レンズの部分が直接海水に触れているため「開眼類」と呼ばれています。これに対してヤリイカの仲間は、角膜がレンズを覆っており、「閉眼類」と呼ばれています。コウイカ類ではほとんど閉じています。

ヒトの眼と同様に、網膜上には光受容体（視細胞）が多数分布しています。ここに到達した光をとらえ、視神経から脳に光情報が伝わって、物の形と動きを認知しています。

イカ類の光受容体は感光色素が一種類であること、それが吸収する光波長のピークは一つ（およそ450〜500ナノメーターの範囲）であることから、色を識別できないと考えられています（ホタルイカは例外的に3種の感光色素を持っています）。このピークとなっている波長は青から緑の光で、水中で最も深くまで届く色の光です。薄暗い水中で物を見るのに適応した眼であると言えるでしょう。

スルメイカの眼のように、薄暗い環境に適応している性質を「暗順応」と呼んでいます。明るい環境に適応している場合は「明順応」といいます。

イカにはヒトより優れた眼の特徴がもう一つあります。私たちは強い太陽光がまぶしいとサングラスをかけますが、イカの網膜にはあらかじめサングラスの機能があるのです。スルメイカとヤリイカの網膜の組織には黒色色素胞の部分があり、強い光に対してはこの色素胞が光受容体の上面にせり上がり、まぶしさを解消します。さらにもっと強力な光を与えると、瞳孔を閉じてしまいます。これが「明順応」状態です。スルメイカは、光に関心はありますが、このように明るい場所が嫌いな生き物です。

それでは、完全な暗黒状態になったらどうでしょうか。水産工学研究所の高山剛さんがスルメイカを水槽で飼育して調べました。その結果、全く泳げなくなって最初は壁にぶつかり、最後には水槽の底に「座って」しまうことがわかりました。スルメイカの仲間は、「光は好きだけど、薄暗い影の部分が大好き」ということがおわかりいただけたでしょうか。

イカは何色？

「スルメイカの体の色って黒い時と透明に見える時があるけど、どちらがホントの体の色なの？」という質問をよく受けます。実はイカ類の行動の大きな特徴は、体色を瞬間的に変えられることです。漁火の話題から少しそれますが、眼から入った光がイカの体色をどのように変化させるか、イカ類全体の体色変化の仕組みをご紹介しましょう。

イカの表皮には、この前に触れたように「色素胞」という色素の粒が詰まった袋状の組織があります。袋の周りには放射状に筋繊維がついていて、その筋肉が弛緩《しかん》すると袋が縮まって色が目立たなくなり、収縮すると袋が広がって色が目立つようになります。

色素胞には黒、赤、橙、黄、青色があり、各色が層状に分布しています。ただし、沿岸性のイカほど色素胞の種類が豊富で、スルメイカなど沖合や外洋に生息するイカは、黒と赤の色素胞が中心です。

色素胞の収縮・拡大は、視覚刺激に反応して視神経節が一つひとつの色素胞を直接制御します。それによってイカは、体色を部分ごとに自在に変え、瞬時にさまざまな模様を作ることができます。

また神経の情報伝達速度は神経の太さによって異なり、太いほど速く情報を伝達します。外套膜に分布する神経は、視神経節から離れるほど太くなっていて、体の端と端で反応に時間差ができない仕組みになっています。

これら色素胞の層の下には黄、青、緑などの光を選択的に反射する分光反射板と、白く輝く白色素胞という2層の「虹細胞」があります。イカがコバルトブルーのアイシャドーをまとったり、黄金色に輝いて見えたりするのは、こうした外からの光を反射させているからです。

沿岸にすむコウイカ類は、砂や岩場などの底質にあわせて体色を変えることにより、特に優れたカモフラージュ（擬態）を行います。体色変化のパターンは〝ボディパターン〟と呼ばれ、そのバリエーションは外洋や中深層に生息する種では少なく、岩場やサンゴ礁など沿岸の複雑な環境に生息する種ほど多い傾向があります。

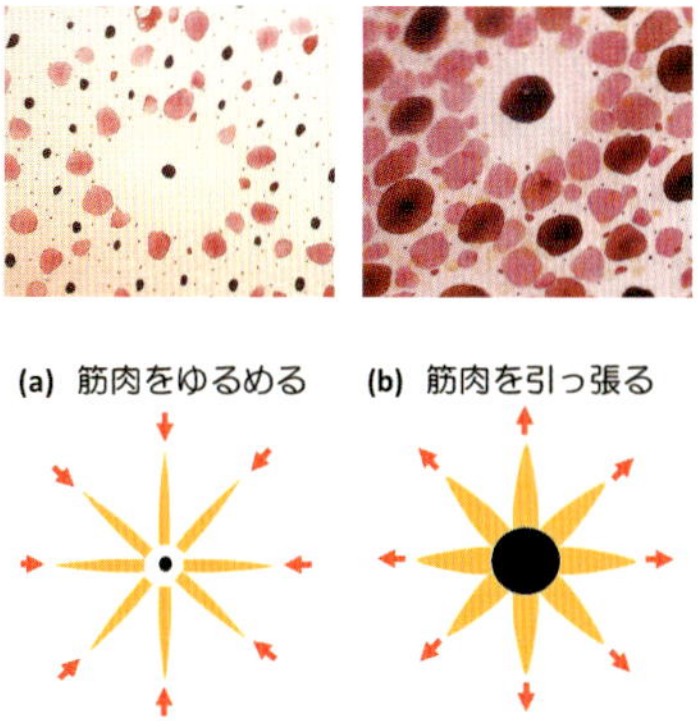

イカの体色が変わる仕組み。表皮の色素胞の周りの筋肉が弛緩（a）と収縮（b）を繰り返すことで色が濃くなったり薄くなったりする

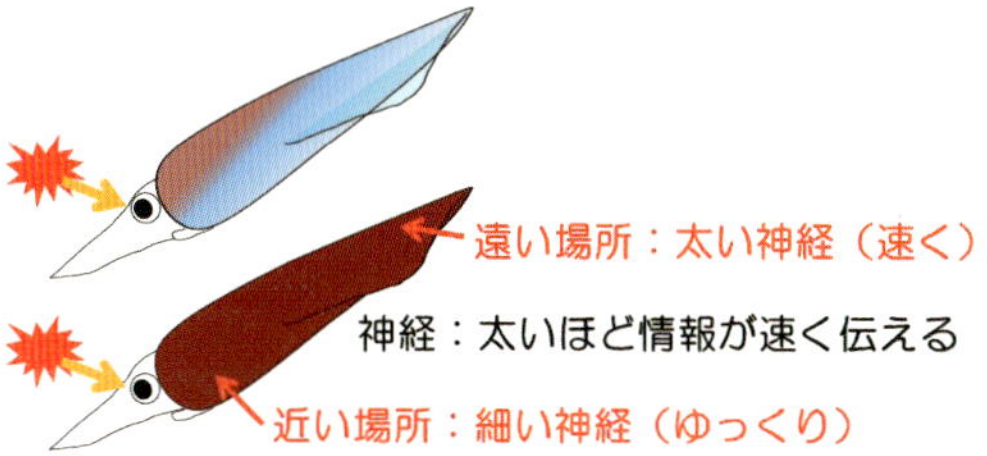

眼に入った視覚刺激が一瞬で全身に伝わる仕組み

（いずれも「函館水産物マイスター養成協議会公式テキストブック」から。作図／岩田容子）

それでは最初の質問、「スルメイカの普通の体色は？」にはどう答えればいいでしょうか。正解は「どの色もスルメイカの体色」です。大型水槽で群れているイカを見ていると、水槽の上から入射する光の強いところでは透明に、影の部分に入ると褐色になります。つまり、光の強さに応じて、できるだけ自分の体を隠す色に変化していると言えます。成熟したイカでは、もっと多様な体色変化をします。これについては、後の章で詳しく紹介します。

昼でも釣れる？

イカ類を漁獲対象とする一部の沿岸漁業ではメタルハライド灯などの漁灯を使用していますが、動力としてのエンジン以外に発電機を使っています。また、今の漁灯は海中だけでなく夜空も照らしており、燃油をたくさん使う大量消費型漁業となっています。原油価格はこれからも上昇が見込まれ、省エネ化のために消費電力量の低いＬＥＤ（発光ダイオード）灯への切り替えなどが始まっています。

しかし、現在のＬＥＤ光の強さはメタルハライド灯よりも弱く、初期の装備のためのコストもかかります。そのため、メタルハライド灯とＬＥＤ灯を併用し、遠くのイカを集めるためには強い光を使い、船の近くに集まってきてどんどん釣れるようになったらＬＥＤ灯に切り替えるなど、漁業者の試行錯誤が行われています。今後は、全く新しい次世代の省エネ型漁灯の開発も不可欠です。

では、スルメイカが釣れるのは夜だけなのでしょうか。

青森県下北半島から岩手県の太平洋沿岸では、漁灯を使わない「昼イカ漁」がさかんです。最近では燃油の高騰から、北海道の日高沿岸でも行われています。日の出とともに出漁し、日没前に帰港。昼イカ漁が操業できる場所は、沖合の水深数千メートルという海域ではなく、陸に近くて大陸棚が発達し、海底に起伏がある場所に限られています。

スルメイカは日中、薄暗い大陸棚の海底近くにいます。もともと、イカは魚群探知機で発見しにくいのですが、海底のくぼ地などにぼんやりと固まって映ることがあります。そこに自動イカ釣り機のイカ針のついたラインを下ろすとイカが釣れます。この昼イカ漁は究極の省エネ型漁業ですが、漁場が限られるのが難点で、イカを追って良い漁場で操業するためには、やはり漁灯が必要です。

ＬＥＤ灯は、異なる発光波長（赤・青・緑・白色）が選択でき、その光の強さを自在に変えることができます。そのため私たちの研究グループでは、ＬＥＤ灯を活用してイカの眼の生理的特性や異なる発光波長を使った行動制御を調べています。こうした実験ができるのも、スルメイカとヤリイカを長期間飼育できること、水槽全体に覆いをかけ、自在な光の変化の世界を作ってイカの行動を観察できるからです。

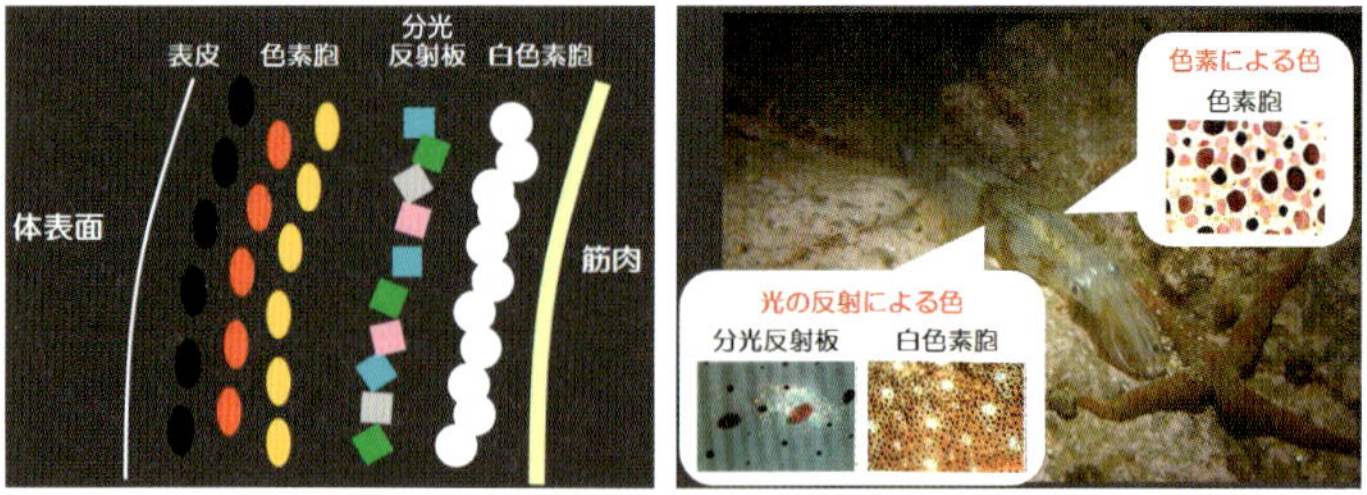

さまざまな色を見せるイカの表皮の構造
（「函館水産物マイスター養成協議会公式テキストブック」から。
作図／岩田容子）

コウイカ（左上）、アオリイカ（左下、右）など沿岸性イカ類の体色変化。中央下は周囲の石に擬態したヤリイカの仲間

（ R. T. Hanlon & J. B. Messenger, Cephalopod Behaviour から）

メタルハライド灯と LED 灯を装備したイカ釣り試験船
（東和電機所有、羅臼漁港）

この実験には、先に紹介した水産工学研究所の高山剛さん、東京海洋大学の稲田博史さんのグループ、そして私たちの松井萌君を中心とするグループがかかわってきました。前に書いたとおり、イカ類の眼は赤色を識別できないのに対し、青色・緑色・白色ＬＥＤ灯の発光波長のピークはイカ類の眼の視感度ピークに近いため、物理的に同じエネルギー(同じ消費電力の光)をもつ赤色ＬＥＤ灯より明るく感じられることになります。言い換えれば、どれだけ赤色の光を強くしても、イカはそれを強い光には感じないということになります。

光のワナを仕掛ける

この原理を使えば、ＬＥＤ灯にかぎらず、新しい漁灯照明を見つけることができるのではないか――。これまでにうっすらとわかってきたことは、イカの眼は、光の強弱と色の違いに対して、青や緑の強い光には瞳孔を閉じ、網膜色素で視細胞を覆って光の入射量を調節する「明順応」をし、弱い光や赤色の光には色素が下がって「暗順応」になるということです。また水槽でのスルメイカの対光実験では、ＬＥＤ灯を照射すると、全ての条件で水槽中央部の照射部と陰影部の「境界付近」に集まる傾向が見られました。

これらのことから、イカ釣り漁船の周りでは、スルメイカは光が透過する明るい場所に反応するものの、そこには寄り付かず、船底の薄暗い陰影部に集まってくることが推測できます。あるいは、明るい照射域の外側から船底に誘導されている可能性もあります。

　そうした行動特性を利用したＬＥＤ灯の用い方の検討は始まったばかりです。まだまだ水槽内や実際の操業現場での実験を重ねる必要があります。

　ここで、鳴海誠君が修士論文にまとめた研究を紹介しましょう。ヤリイカでは、水槽全体に強い照明を当て、ヤリイカの群れ全体を明るい環境に慣れさせておき（明順応）、全部の照明を落として一瞬真っ暗にした後、水槽の半分だけを赤色ＬＥＤで照らすと、本来は赤色には反応が鈍いはずなのに、一斉にヤリイカがその光照射部に集まって来ました。そして4～5分後には、照射していない薄暗い方へ移動してしまいました（暗順応）。

　これは、網膜の色素移動の速さを調べた松井萌君の実験で、いわゆるサングラス状態の明順応からサングラスをはずした暗順応まで4～5分かかることと一致しています。つまり、照射するＬＥＤ灯の発光波長を青・緑から赤色に瞬間的に切り替えることなどによって、ヤリイカの群れの行動を制御できる可能性があります。もしかしたら、夜間の操業船の周りを青色・緑色・白色ＬＥＤ灯で一定時間照射したのち、赤色ＬＥＤ灯に切り替えることで、ヤリイカの群れを赤色ＬＥＤ灯照射部に数分間集めることができるかもしれません。

　ヤリイカを対象とした電光敷き網漁では、漁灯によって群れを集め、その後、陰影部の船底に移動する群れを網で漁獲しています。

もしヤリイカが漁灯の照射域の外側に集まり、照射光の強弱によって徐々に明順応しているとすれば、漁灯を消して船底下に赤色LED灯を照射することで、数分間はヤリイカの群れを船底に集められるかもしれません。（P91）

LED灯による行動制御を利用した漁業に、サンマ棒受け網漁があります。この漁法ではすでに、赤や青、緑のLED集魚灯が使用されています。

さらに、2013年の正月にNHKが放送した「生きたダイオウイカ」でも赤色LEDが効果を発揮しました。500メートルの深海で、ソデイカを餌にして待っている潜水艇から観察のために用いた明かりは赤色LEDでした。深海のイカなので、青や緑の明かりでは逃げられてしまうからです。

生きたダイオウイカの発見者、国立科学博物館の窪寺恒己さんは、私と同じく北大水産学部の研究室で大学院生活をしていました。思い返せば、当時私はまだスケトウダラの研究をしていて、彼のイカの研究を横目で見ていたのですから不思議です。

光とイカや魚類、そして深海生物の関係はまだまだ研究することがたくさん残っています。新しい発想と柔軟な頭で、これにチャレンジする方はいませんか。

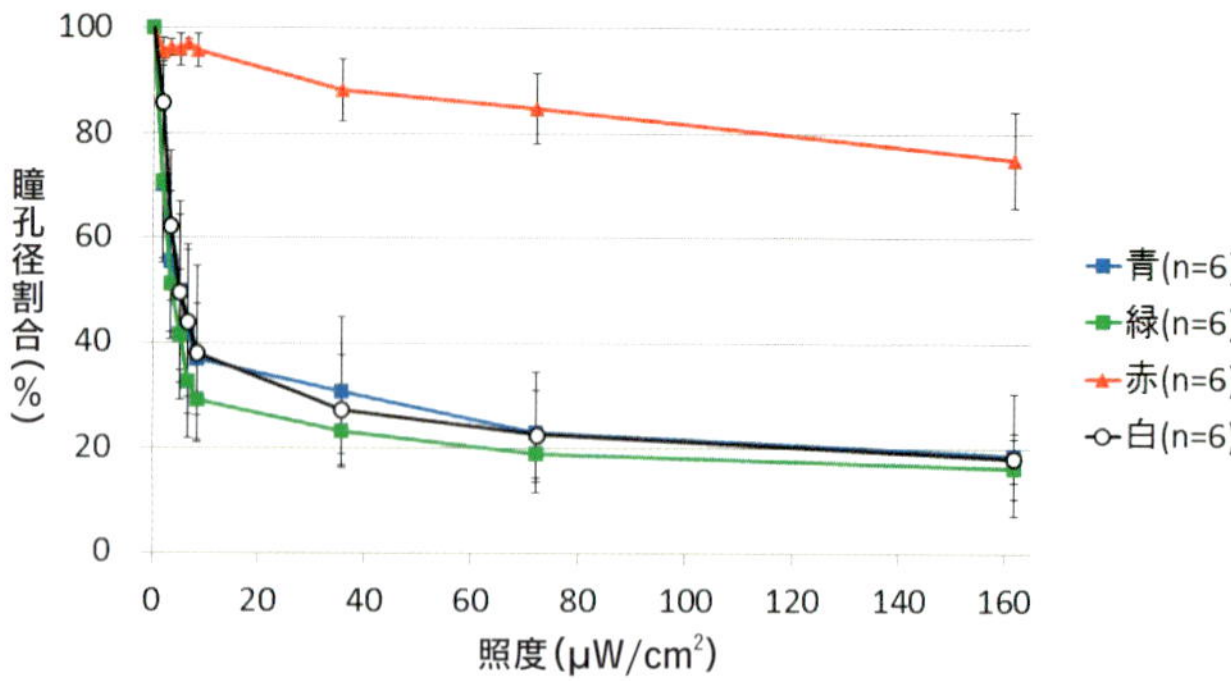

スルメイカの眼に異なる色のLED照明をあてた時の瞳孔反応。
青、緑、白の照度（明るさ）の変化に対しては敏感に反応するが、
赤色の場合はあまり反応しない（作図／松井萌）

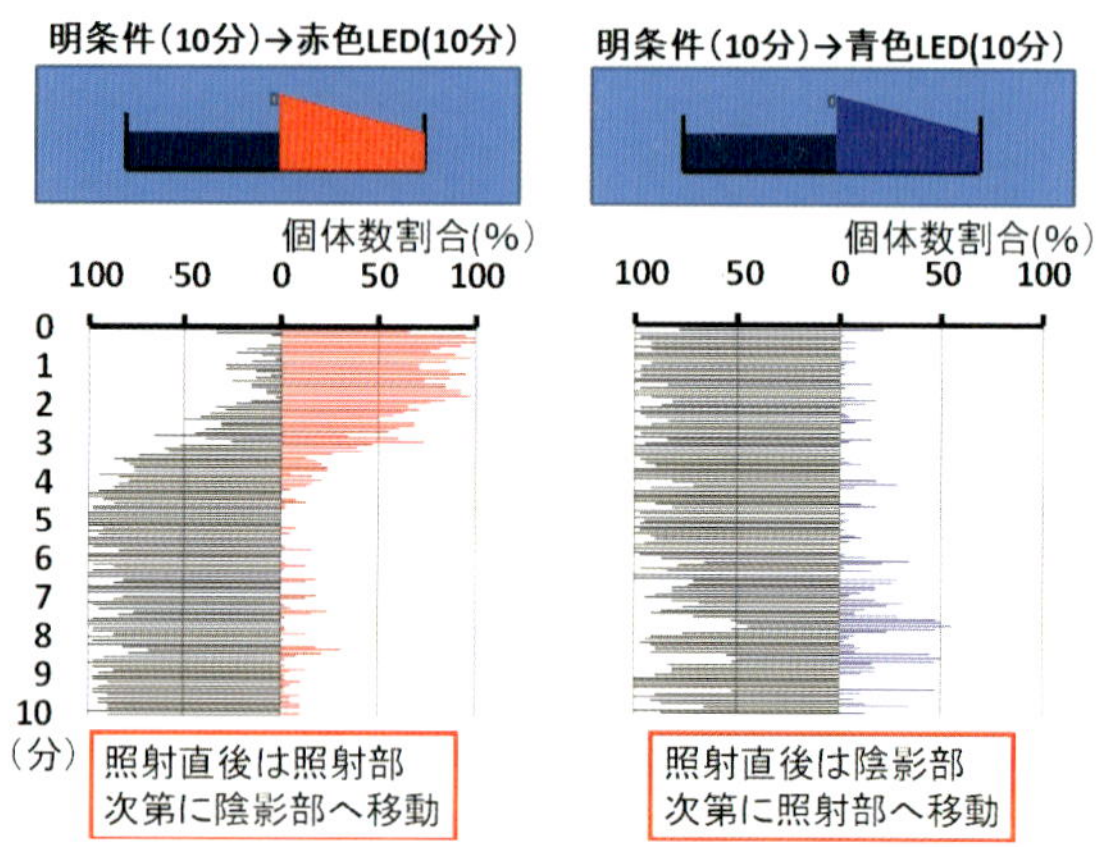

明順応後の赤色LEDと青色LEDに対する反応の違い
（作図／鳴海誠）

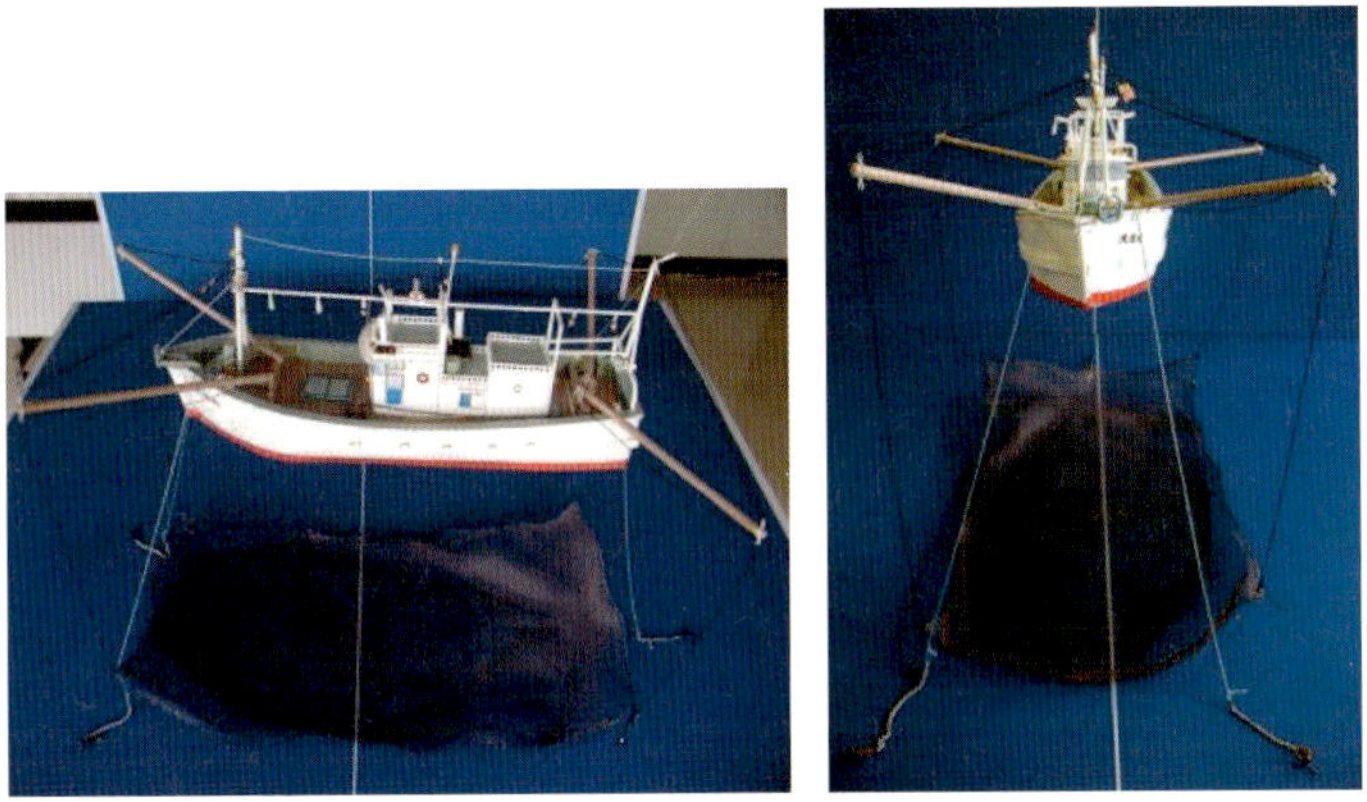

ヤリイカ棒受け網漁業（電光敷き網漁）の模型
（マリンネット北海道 HP から）

夜間に通常の集魚灯でヤリイカを
船の周辺に集める

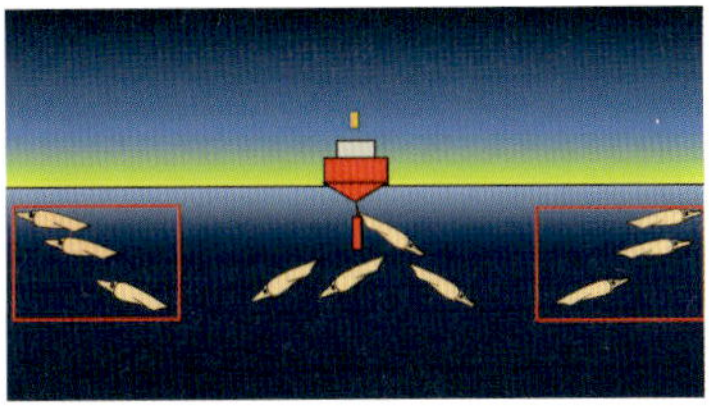

一瞬集魚灯を消し、船底の
赤色 LED 灯を点灯

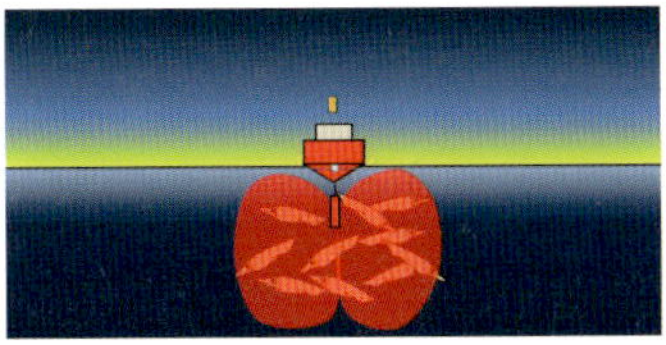

低照度域に集群したヤリイカを漁獲

LED 灯の使い分けによるヤリイカ類の行動制御の可能性
（作図／鳴海誠）

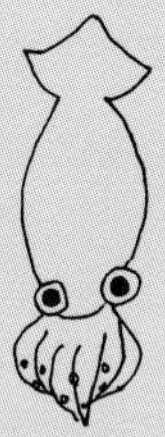

第4章

透き通る
うまさのために

新鮮なイカを食べてほしい

「にいさん！　イガ買ってかねか！」

朝市の元気な売り声の中、イカは真っ黒な光沢を放ち、眼は買い手の私をにらんでいるようです。

「イカの街・函館」の名物、朝市には、生きのいいスルメイカがところ狭しと並んでいます。獲れたての透き通るようなイカ刺しを、すりおろしの大根と醤油と一緒にどんぶりに入れ、朝の空腹にかき込むうまさは格別です。

ではなぜ、私はイカの鮮度を少しでも長持ちさせるような研究に取り組んだのでしょうか。それにはこんなきっかけがありました。

数年前のことです。私がたまたま泊まった市内のある温泉ホテルで出されたスルメイカは、とても新鮮とは思えませんでした。

鮮度の見分け方は簡単です。透き通ったイカほど新鮮なのはもちろんですが、箸で細く切ったイカ刺しを持ち上げてみましょう。「く」の字に曲がるのは新鮮、「つ」の字状に曲がるのは鮮度が落ちていることになります。「く」の字のほうは「コリコリ感」があり、「つ」の字のほうは「ねばっとした食感」のはずです。

この経験いらい、函館に観光に来た方にも、函館市民が朝、食べているような新鮮なイカ刺しをホテルの夕食や居酒屋で食べて欲しいと考えるようになりました。

1970年（昭和45年）秋、私は北海道大学水産学部がある函館に札幌の北大キャンパスから引っ越してきました。69年春に北海道大学に入学したのですが、当時は大学紛争の最中で、東京大学が入学試験を中止した年でした。入学式から秋までは教養学部が封鎖されており、授業は屋外でできる体育とほんの少しの講義だけ。大学での教養教育を受けないまま、函館に来てしまったのです。

岐阜の高山市近郊で生まれ育った私は、富山湾からの真っ白な「しおイカ」（皮がなく、塩ゆでしたイカだと思います）か干しスルメしか知りませんでした。当時の函館は、道路わきのいたるところにイカを干す「すだれ」があり、浜特有のにおいを放っていたのを今でも覚えています。そのころは、朝早くに「イガー、イガー」とリヤカーを引いたイカ売りの声がありました。

そしていま、リヤカーは小型トラックに代わりましたが、函

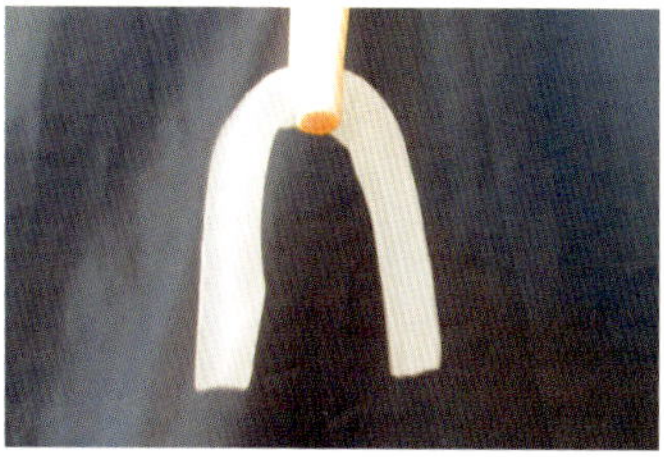
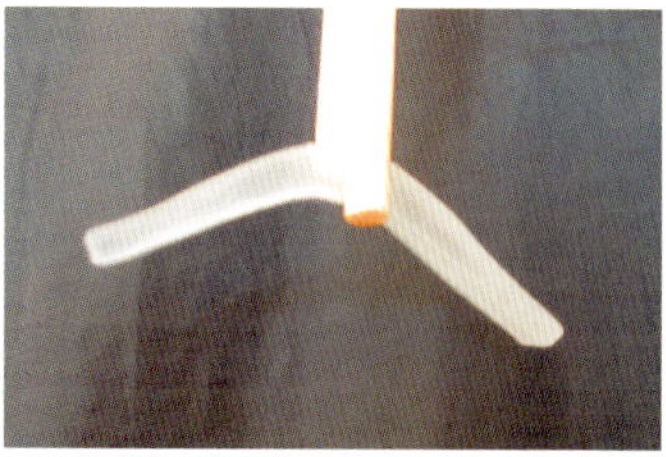

生け簀イカ（左）と活〆したスルメイカ（右）の刺身の比較。どちらも生け簀から取り上げて10時間後

館市内では新鮮なイカ刺しが市民の朝の食卓を飾ります。夕方には、生きたイカが当たり前のように居酒屋の水槽に泳ぎ、その新鮮な食感は市民だけではなく、たくさんの観光客の舌を楽しませています。

こうした「生け簀イカ」や活イカが函館で普及した背景には、スルメイカの漁場が津軽海峡内や函館山周辺など港までとても近いことがあります。また、すべての小型イカ釣り漁船には「生け簀」があり、港まで生きたイカを陸揚げしています。このようなまちは日本全体でも極めてまれで、津軽海峡周辺では夏から冬にスルメイカ、冬から春にヤリイカが漁獲されています。

函館・入舟漁港周辺でのイカ干し（「イカブスマ」）の光景
（昭和 30 年、大渕玄一著『函館の自然地理』から）

活イカが函館市内だけでなく札幌などにも活魚トラックで運ばれるようになったのは、昭和60年代のバブル期の全国的な活魚ブームが始まりです。当時は、活スルメイカの刺身が、料亭などでは6～7千円で出されていました。今は、価格も落ち着きましたが、それでも数千円はするでしょう。

鮮度保持の秘策

朝獲りの新鮮なイカも、夜になればどうしても鮮度が落ちます。スルメイカも死んでから数時間は透明でコリコリ感がありますが、夕方店頭に並ぶころには少し体色も白くなっています。

どうしたら朝の新鮮な状態を夜まで保

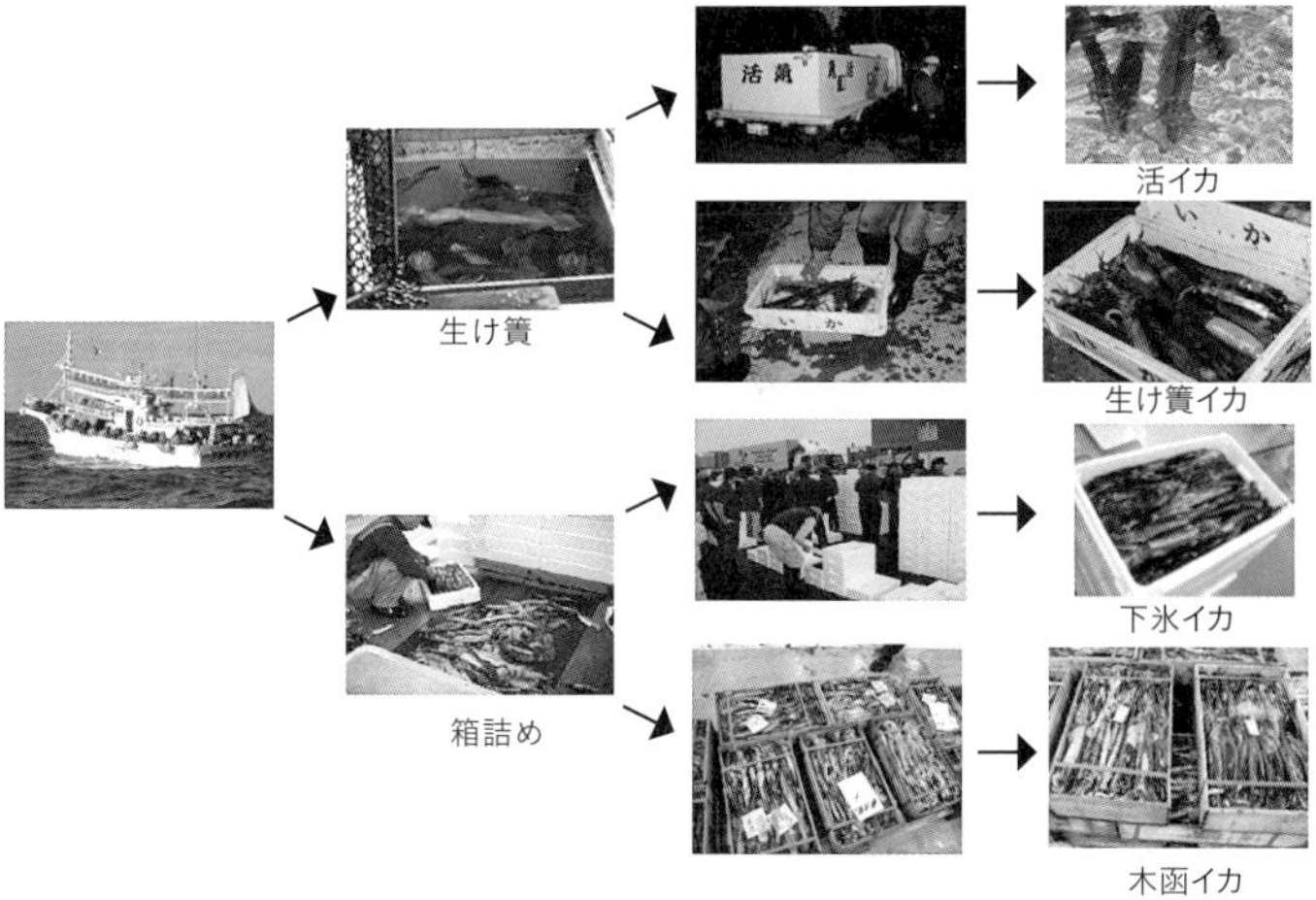

スルメイカの流通
（函館市の例、作成／吉岡武也）

つことができるのか――。「イカ活チャ器」の開発は、少しでも新鮮なイカを食べて欲しいという単純な動機から始まりました。

私たちは、長年のスルメイカの飼育研究の中で、成熟したスルメイカのメスによる人工授精を行っています。その際、人工授精用の活きたイカを水槽から取り上げ、動かないように頭の付け根部分にメスを入れて瞬時に神経を切ります。すると、外套膜（胴体）の体色が一瞬で透明になります。脳から胴体と内臓部へ伝わる神経情報が遮断されたためです。人工授精を終えて、体の各器官を精密測定した後は、さっそく学生たちと一緒にイカ刺しとおにぎりです。私が得意なイカ刺しは、「まきり」を使った「漁師切り」です。箸で持ち上げても「く」の字のままコリコリ感が楽しめます。

スルメイカの人工授精などの実験や、後述する繁殖生態や資源変動の解明についてはほぼ成果を得ることができました。多少、心のゆとりができた私は、「よし、次はイカの高鮮度化にチャレンジしよう！」と思い立ったのです。

どのようにすればイカを健康に長く飼育できるかなど、大学4年生や大学院生の研究テーマは、生きているイカの生理や生態に関する研究ばかりでした。そこで、2011年に私の講座に来た4年生の藤澤正路君の卒業研究として、どのように「即殺」したらイカの鮮度が維持できるか、そのための道具の試作が始まりました。

いわゆる「活〆」には魚種によってさまざまな手法があり、神経の遮断や抜き取り、血液の抜き取りなどが行われています。その時にわかったことは、従来のようにカッターなどで頭部の全神経を切断しなくても、胴体と内臓部の間にある一対の「星状神経節」を引き剥がせば、胴体への脳からの神経伝達が遮断できるということです。つまり、「死んだ」という脳からの情報が胴体部分には届いておらず、その部分は「生きたまま」になっているのです。

この神経を剥がすことが、なぜイカの鮮度保持につながるのか。少し専門的な内容ですが、その原理を紹介します。

イカが生きている間は、呼吸によって酸素が供給され、細胞活動に必要不可欠なエネル

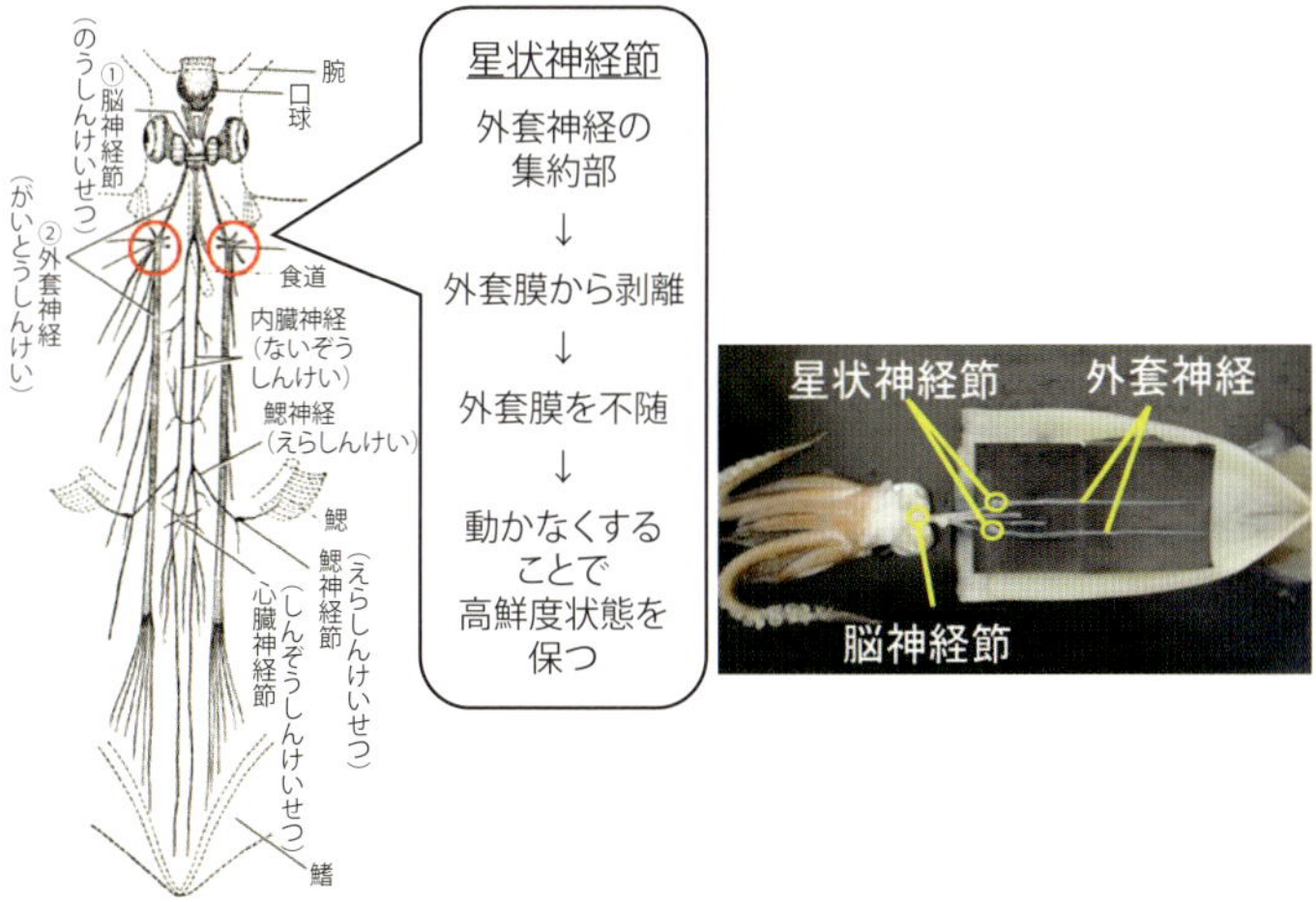

一対の星状神経節（作成／小澤瞳）

ギー源であるＡＴＰ（アデノシン三リン酸）が効率的に合成されています。ＡＴＰは生体内で絶えず分解と合成が行われ、筋肉中でほぼ一定の濃度に保たれています。ただし、死んだあとはＡＴＰの合成が停止し、ＡＴＰの減少に伴って筋肉の性状や成分に変化が起こります。

ＡＴＰはＡＤＰ（アデノシン二リン酸）になり、次に旨味成分であるＡＭＰ（アデニル酸）とＩＭＰ（イノシン酸）へ変わり、その後HxR（イノシン）を経て、鮮度低下の指標であるHx（ヒポキサンチン）へと変化していきます。

スルメイカでは、ＡＴＰの減少と肉の透明感・硬さの低下に関連性があることが、北海道立工業技術センターの吉岡武也さんの研究で明らかになっています。また、鮮度の指標にはK値がよく使われます。こちらは値が小さいほど高鮮度です。つまり、死んだ後のイカの胴体内のＡＴＰの減少を遅らせ、K値を小さいまま維持することができれば、それだけ刺身で食べられる高鮮度の状態を保つことができます。

吉岡さんは、刃物で頭部の神経を切断する即殺処理を施し、酸素の供給を断たない条件下で、４℃での保存が効果的であると報告していました。イカは皮膚呼吸ができるので、ＡＴＰをより長く保つためには、温度保持とともに酸素の供給を続けることが大切なのです。

「イカ活チャ器」の誕生

では、イカの星状神経を剥離する「イカ活チャ器」誕生までの経緯をご説明します。前述したように、イカの胴体内部の一対の星状神経節を剥がせば、頭部を切断せずに胴体の鮮度保持が可能と考えられました。そこで実際に、函館市南茅部地区の曙水産（小田原一二三社長）の定置網に乗船して、学生手作りの活〆器を使いました。これを見た乗組員から「こんなんじゃダメだ！」と言われ、最初の試作品が乗組員の手によって完成しました。

この試作品で星状神経を剥がし、後述する保存方法でその後のATPの変化を調べました。すると、6時間後の試食時でも、獲れたてとほとんど変わらない透明感、こりこり感があり、12時間たっても体表面の色素が活発に動き、ヒレの部分も生体反応があり、少し柔らかくはなるものの、刺身で十分おいしく食べることができました。

さっそく北海道立工業技術センターの吉岡さん、吉野博之さんを通じて、函館近郊の北斗市の釣り具メーカー「フジワラ」の藤原鉄弥社長に相談し、製品として販売することになりました。

名称には頭を悩ませました。「イカ活〆器」や「イカ神経遮断器」などという名前では、どこで作られたものかがわかりません。そんな時、函館生まれの私の家内・嬉子から、「かっちゃき」にしては、というアイデアをもらいました。北海道の方言で「ひっかく」ことを

「かっちゃく」と言います。これと「活〆」をかけて、「イカ活チャ器」という名前が生まれました。

市販されたイカ活チャ器は、胴体背面側から頭の上の部分に差し込んで、イカの胴体内部に接着している星状神経節を簡単に引き剥がす道具です。写真のように、イカ活チャ器の先端部を、胴体筋肉や内臓を傷付けないように滑り込ませると、星状神経が遮断され、その瞬間に体色が一気に透明になります。V字の刃の部分が刃物のように鋭利ではなく、少し丸みをつけているのも特徴です。

２０１３年11月の販売から、すでに約４万本が売れました。その後、釣り雑誌でも紹介され、アオリイカを釣った釣り人によれば、活〆保存後も、クーラーボックスの中が墨で真っ黒にならないということです。

18時間後まで「新鮮」

活〆後は、どのように保存すればいいでしょうか。

私たちが飼育実験に使っているスルメイカは、前述の曙水産の定置網の「朝の網起こし」で採集されたものです。その時に「お土産」としていただくイカは、２時間ほどかけて水槽に入れ、その後おにぎりと一緒に刺身でいただくのですが、何となくもったりした食感

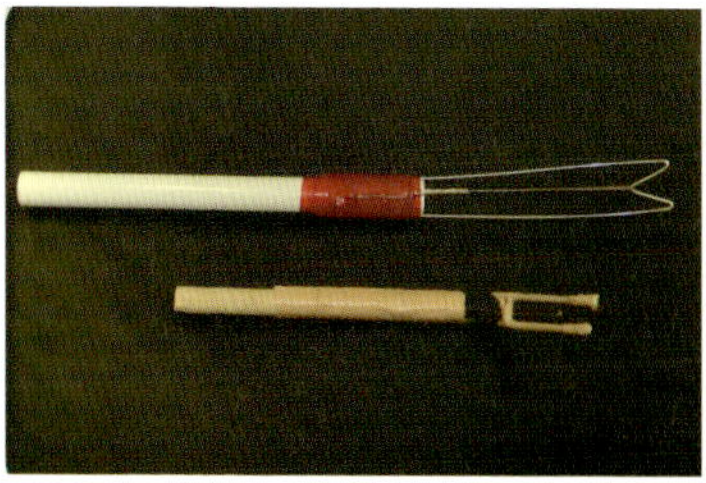

「イカ活チャ器」の試作品。
上が漁業者、下が学生によるもの

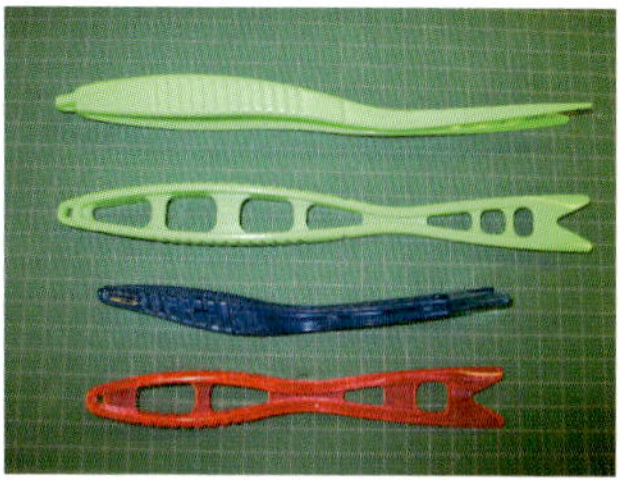

市販中の「イカ活チャ器」
（(株) フジワラ、特許出願中）

胴体と頭の背中側の隙間にイカ活チャ器を
差し込む

胴体の隙間に沿って押し込むと軽く止まるが、
そのまま押しこむ

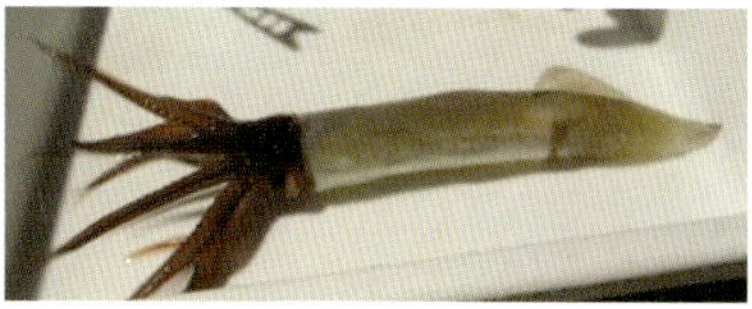

一瞬で胴体が透明に

イカ活チャ器によるスルメイカの活〆方法

で、コリコリ感がありません。一番の原因は、大きな網でイカを大量にすくって船上に上げた時に、すでに圧死していることです。第2章でお話しした「苦悶死」の状態です。

そこで私たちは、定置網で箱網を絞りこんだ時に、タモ網（P63）で活イカをすくい、いったんトロ箱（底が網状で水がたまらない魚箱）に入れます。その後、順次活〆をして発泡箱に収容します。発泡箱の底には砕いた氷を敷き、その上にエアパッキン（一粒の直径が1センチ、厚さ3～5ミリ）をかぶせ、その上にイカを平積みに並べます。蓋をした状態であれば、内部の温度は約24時間、4℃前後に保たれます。

これとは別に、船上に揚げた活イカが死んで動かなくなった段階で、上記と同様の発泡箱に納め、両者のATPの時間的変化を調べました

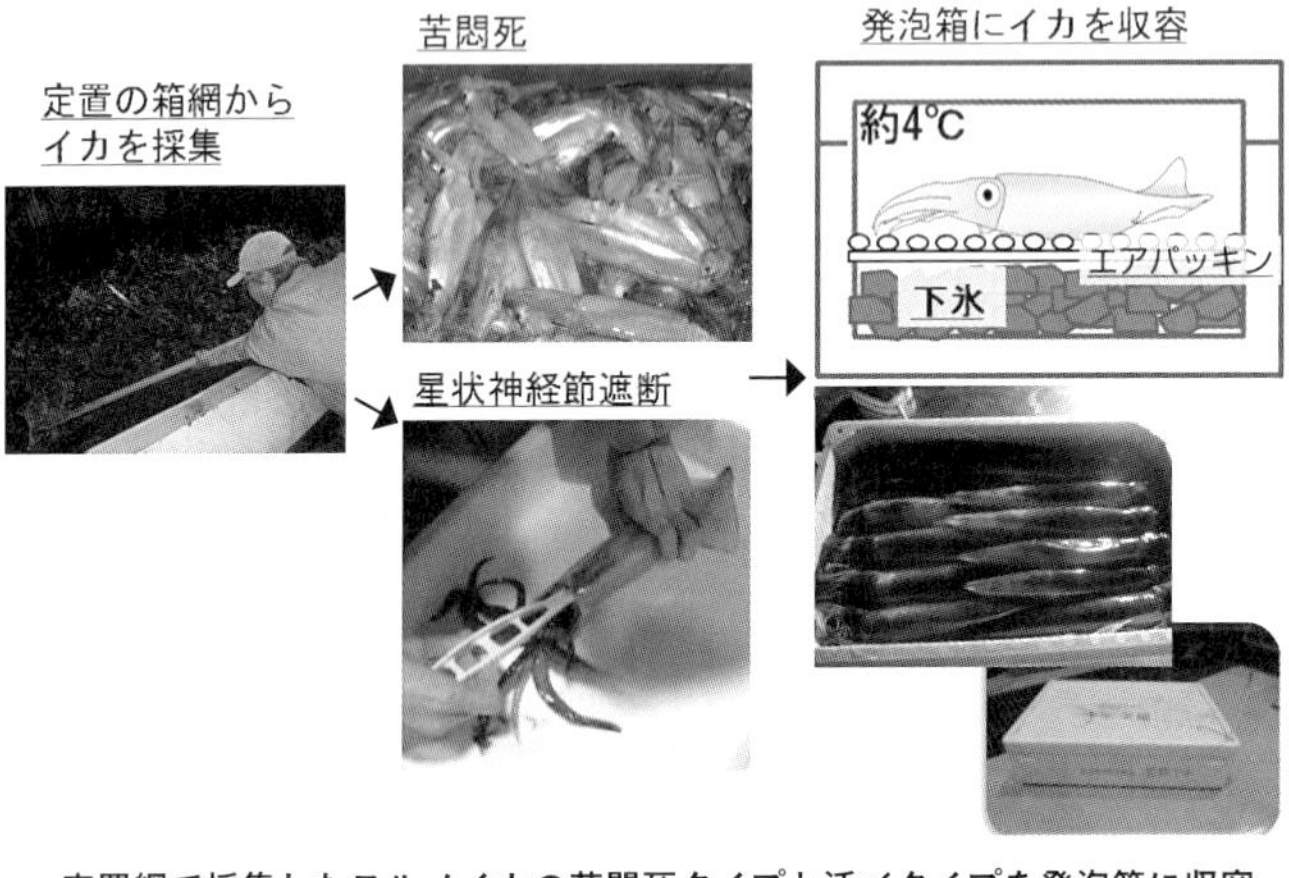

定置網で採集したスルメイカの苦悶死タイプと活〆タイプを発泡箱に収容
（作成／水野裕菜）

（苦悶死試験）。この両方の処理とも、イカは直接下氷に触れさせていません。触れたままにしておくと、接触面が白く変化して、その部分から鮮度低下が始まるからです。これは多くのイカ類の扱いでも重要なことです。ただ冷やせば鮮度が保たれるというわけではありません。

次に、活〆イカと苦悶死イカのＡＴＰの経過時間による変化を紹介します。下のグラフでは、活〆した直後のＡＴＰを１００％としてあります。なお、ＡＴＰの分析方法の詳細は割愛しますが、この研究は、北海道立工業技術センターの吉岡さんたちの協力を得て、４年生の藤澤正路君と修士学生の水野裕菜さんが行いました。６時間ごとに筋肉を切り取り、素早くドライアイスで瞬間凍結します。作業スピードの違いや個体差もあるので、こうした実験には複数個体

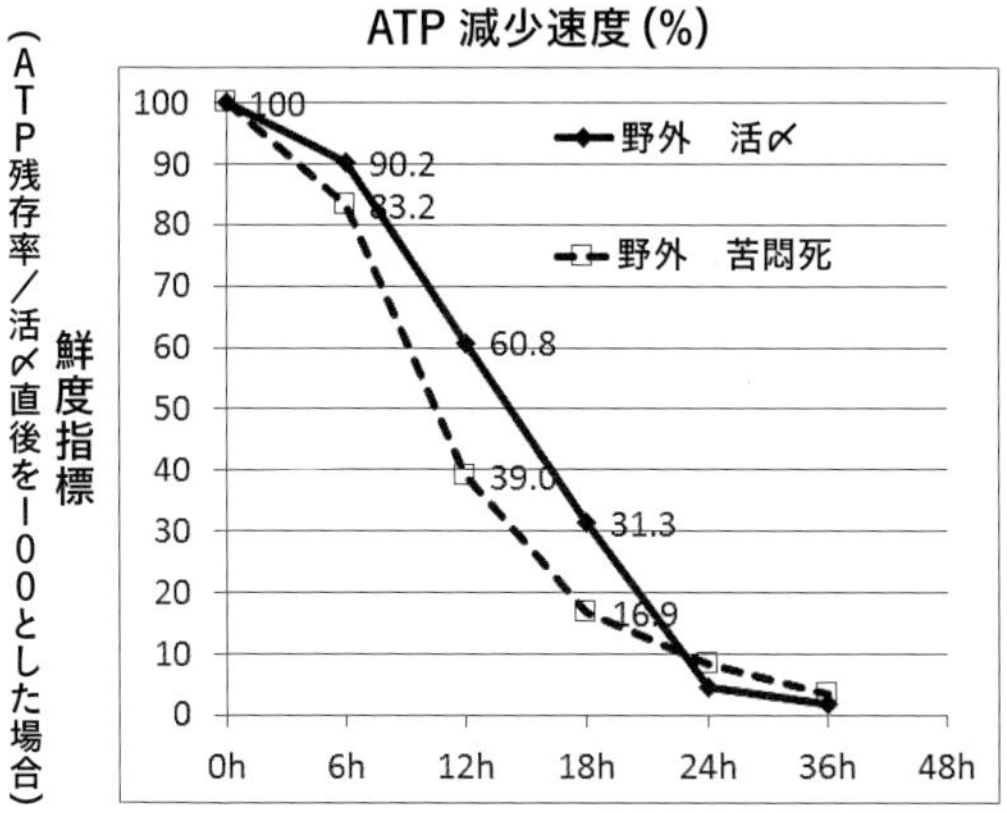

ATP の 6 時間ごとの変化。ATP 値が高いほど高鮮度
（作成／藤澤正路、データ解析／北海道立工業技術センター）

を分析に用います。

Ｐ１０５のグラフを見てください。６時間後であれば、活〆のＡＴＰは90％ですが、苦悶死でも83％のＡＴＰがあります。函館では、イカ釣り漁船が港まで生け簀で活イカを持ち込み、そこから水揚げされ、市場を通して市内の販売店に出荷されます。入港が早朝であれば、お昼ごろまでは新鮮な朝獲りイカがいただけるわけです。

その後、12時間経過すると、活〆イカのＡＴＰは60％になるのに対して、苦悶死イカでは39％に低下しています。18時間後では、活〆が31％、苦悶死が17％、24時間後には両方ともＡＴＰは10％を切っています。24時間たてば、活〆の効果はまったくなくなるということです。この実験結果から、「活〆後の高鮮度保持は、12時間後までは有効で、少なくとも18時間までは相当の鮮度を保てる」、ただし「24時間までの効果は期待できない」ということになります。

ＡＴＰの変化に関する追試実験は現在も続けています。例えば、苦悶死したイカを15℃条件で放置した場合は、24時間で悪臭を放つほど腐敗します。つまり、活イカの鮮度保持には、低温保存が最低限の必要条件と言えます。さら

活〆したヤリイカ
（冷蔵庫に酸素パックして保存して15時間後。筆者による調理）

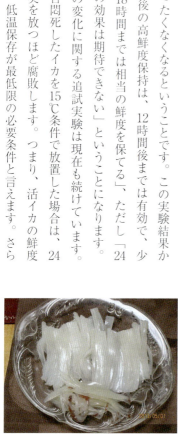

に、イカが皮膚呼吸に酸素を必要とするため、発泡箱内の酸素濃度を高めた保存試験も継続しています。途中経過ですが、ヤリイカでは活〆15時間後でも、透明感とコリコリ感、甘みのある刺身ができることを、私自身も確かめました。

さらに、ヤリイカについて詳しく調べた結果、スルメイカでは24時間たてば「ただのイカ」ですが、ヤリイカでは48時間たってもATPが残っていました。つまりスルメイカよりも鮮度が長持ちしますので、採集から販売・流通のルートを大きく広げられる可能性があります。また、活イカの蓄養方法で紹介しましたが、餌をやって飼育すると身痩せしません。さらに、いったん水槽に収容してから活〆すると、ストレスが少ないせいか、ATPがより高い値で保存されます。

「イカ活チャ器」の誕生により最近は、私の研究の重点が、イカの資源生態から「商売向け」に変わってしまいそうな状況になっています。

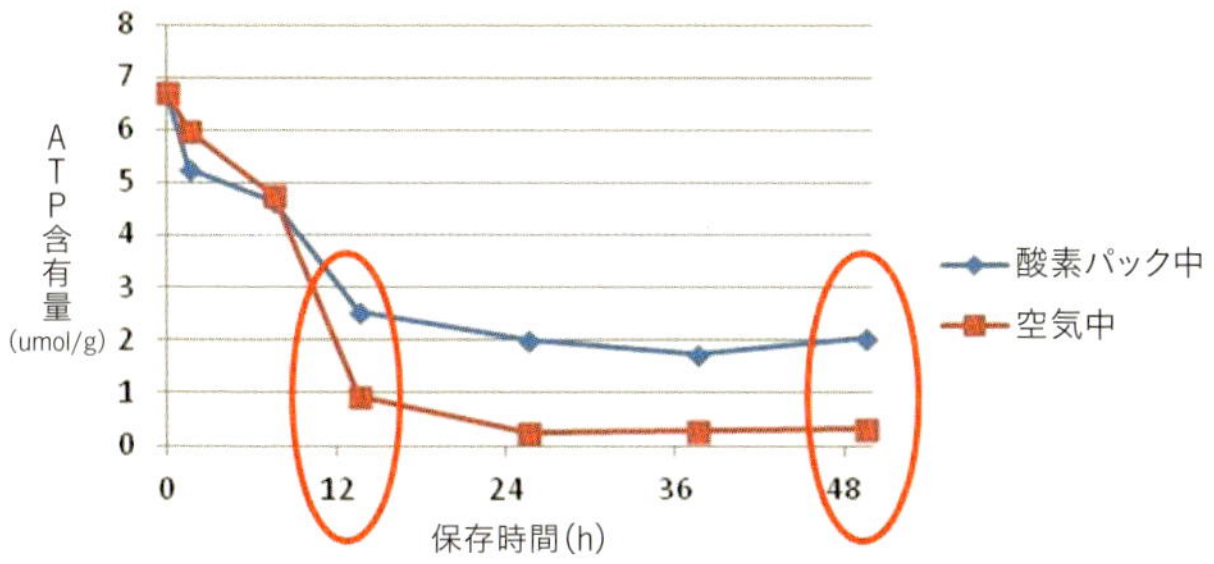

イカ活チャ器で活〆したヤリイカのATP含有量の変化。酸素パックで保存した場合の方がATP含有量が多く、48時間後も鮮度が保たれている
（作成／水野裕菜）

地鮮地食のススメ

定置網に入網するイカ類の活イカ、高鮮度イカの扱いについて紹介してきました。鮮度保持という点では、大量に網に入ったイカを生きたまま出荷するのが一番いいと考える人も多いでしょう。私もそう思います。

温暖化のためでしょうか、知床半島の羅臼沿岸の定置網やイカ釣り漁船が大量のスルメイカを水揚げしており、これが国内で品薄気味のイカ類の加工原料の供給に重要な役割を担っています。一方で本州以南では、単価の高いヤリイカ、ケンサキイカ、アオリイカ、コウイカ類も、定置網や釣りによって漁獲されています。

これらは活イカ、あるいは高鮮度イカとして市場に出回っていますが、高い鮮度をより長く保つためには、これまでにご紹介した「給餌による短期蓄養」や「活〆」の方法が参考になるはずです。加えて、「活〆」後の「イカの一本凍結」、あるいは「沖漬け」などにも利用が広がるかもしれません。

イカ活チャ器の誕生後、活イカで有名な山口県の萩、佐賀県の呼子、石川県の能都でも講習会を開きました。さらに、三陸の震災と津波からの沿岸漁業の復興を目指して、岩手県久慈市でも行いました。

活〆については、スルメイカの場合は12時間以内で流通させることが重要です。一方、ヤリイカ、ケンサキイカ、アオリイカ、コウイカ類では、ＡＴＰの高鮮度よりもアデニル酸やイノシン酸の旨味成分が多いほど価値が高く、もう少し流通販路の時間が長くなる可能性があります。

活〆後の保存方法にも一層の工夫が求められます。例えば、スルメイカでは４℃が最適温でしたが、より温帯性のイカ類ではそれより高い温度が適するかもしれません。また、イカは皮膚呼吸することから、酸素を必要とするＡＴＰ維持のために、保存中も酸素を供給する工夫が必要かもしれません。

活〆による高鮮度イカの流通には、地元や近郊の流通販路を大切にする必要があります。しかも、これまでの流通販路とは別に、「＊＊活〆イカ」のようなブランド化による差別化が欠かせません。せっかく高鮮度化したとしても、生産者に恩恵がなく、手間が増えるだけというのでは意味がありません。

現在、私は三陸の復興にかかわっています。２０１４年4月からは、青森県八戸市の蕪島から宮城県気仙沼までが「三陸復興国立公園」になりました。地元の新鮮な魚介類を、景勝地や近郊の宿泊施設でより新鮮な状態で楽しむことのできる「地鮮地食」が、これから益々重要になると考えています。

岩手県久慈市で行われている
船上活〆スルメイカの生産から流通まで
（農林水産技術会議「高付加価値型の
水産業の実用化」共同研究から）

ケンサキイカ

アオリイカ

イカ活〆講習会
（佐賀県呼子、2012 年）

第5章

巨大卵塊の謎を解く

卵塊はどこに？

さて、スルメイカの生態と繁殖に関する研究に話題を戻します。

スルメイカ類（アカイカ科イカ類）は、イカ類の中でも最も海洋水産資源としての価値が高く、将来的にもそれは変わらないと考えられます。例えば、インド洋を含む南太平洋には、スルメイカの仲間のトビイカが未だ未利用資源として残されています。その分布や生態、資源量などは全くわかっていません。しかも、現在漁獲されているアカイカ、アメリカオオアカイカ、ニュージーランドスルメイカ、カナダマツイカ、アルゼンチンマツイカなどのスルメイカ類の生活史や繁殖生態についても、わかっていないことばかりです。

これらの資源管理と有効利用については国際的にも関心が高まりつつあり、その生態の解明に向けた基礎研究の充実が期待されています。そのためには、資源研究が古くから行われ、かつ現在も漁海況予測のための調査が行われているスルメイカをモデルとした生活史や繁殖生態、および資源変動の解明が不可欠で、飼育によって一つひとつの謎を検証し、実際の海で起きている出来事を調べ、互いの結果を相互に比較して事実を確かめる研究を進める必要があります。

私たちがスルメイカの飼育実験を始める昭和60年代までは、成長・成熟と水温や餌との関係、産卵環境、生まれた卵や幼生がどのような状態なのか、産卵は何回で、産卵後はどうなるのか、生まれてきた幼生はどんな環境で生き残り、成長していくかなど、その生態は謎だらけでした。

スルメイカ類の産出卵が透明なゼリー状の巨大卵塊に包まれていることは、カナダ・ダルハウジー大学のロン・オドール博士によるカナダイレックス（カナダマツイカ）の1980年代の飼育実験で確かめられています。スルメイカでは、浜部基次博士の指導のもと鳥取県栽培センターの大型水槽内で行われた実験で確認され、この時に産卵された卵塊の様子は、NHK特集「スルメイカの謎を追う」（1986年8月）で放送されました。このスルメイカが「花子」と呼ばれていたのを今でも覚えています。

しかし、これらの卵塊が実際に海洋中でどのように存在するのかはほとんどわかっていません。1997年5月に日本海の三国海岸の水深11メートルの沿岸域で、海底より1メートル浮いた状態の「直径50センチのスルメイカの卵塊らしきもの」が、NHKのカメラマンによって撮影されています。この海岸地形は沖合に突き出ており、しかも急に深くなっていることや、発見される前日までは北西風が強かったことなどから、沖合から海岸近くに漂着したものと考えられます。また、体重20キロにもなるアメリカオオアカイカの卵塊が、メキシコの湾内で偶然発見されており、ワゴン車に匹敵する巨大卵塊だったことが報告されています。

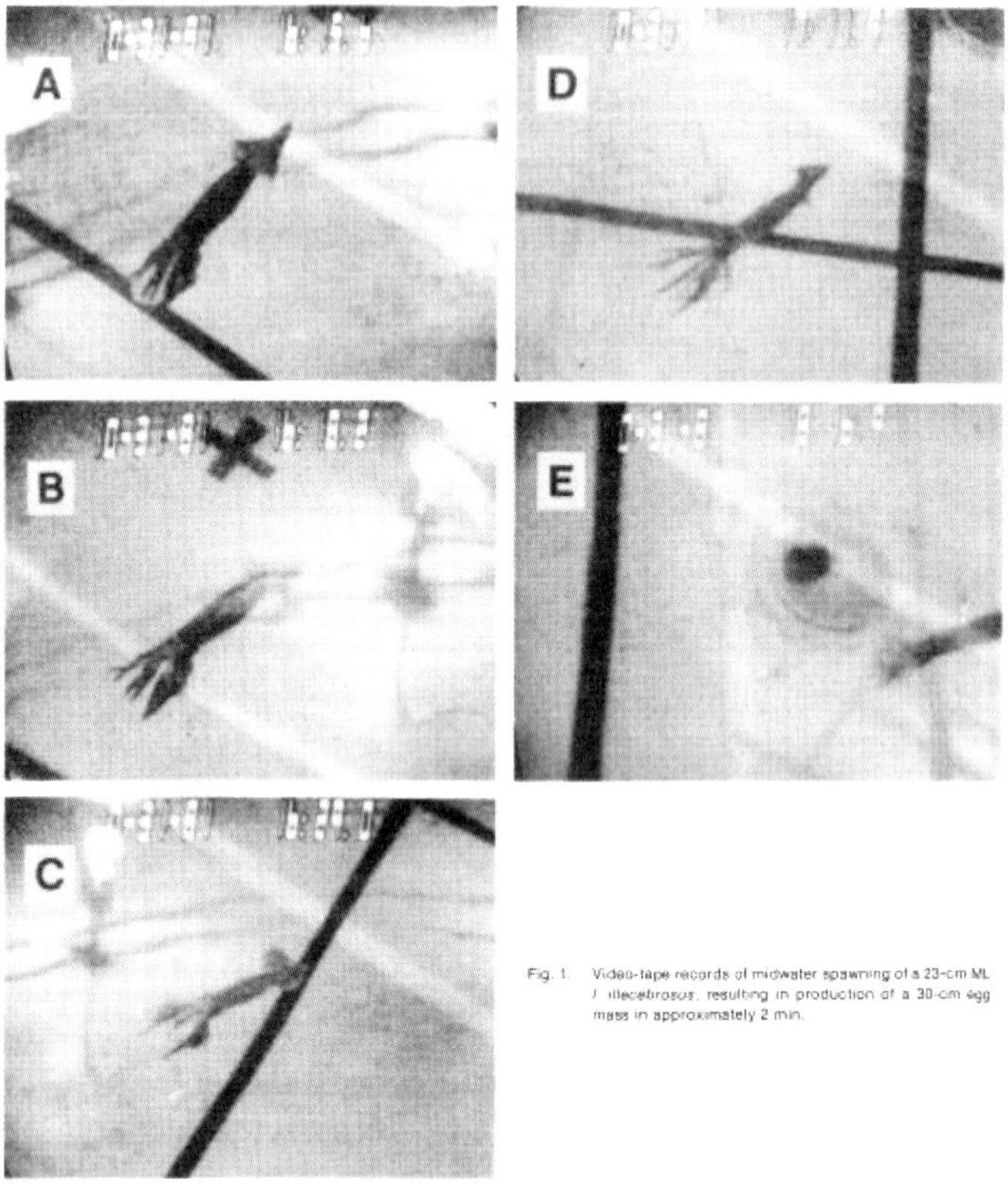

Fig. 1. Video-tape records of midwater spawning of a 23-cm ML *I. illecebrosus*, resulting in production of a 30-cm egg mass in approximately 2 min.

約 600 トン（直径 15 メートル、水深 3 メートル）の大型水槽内で
オドール博士によって観察されたカナダマツイカ（外套長 23cm）の産卵。
約 2 分で直径 30 センチの卵塊（写真 E）を産んだ（O'Dor & Balch, 1985）

私たちも、水中ロボットカメラ（ＲＯＶ）を使い、鳥取から佐渡島の沿岸に沿って１００回以上の卵塊探しをしました。私と一緒に調査を続けている北大の山本潤さんは２００３年10月18日、対馬海峡の北側にある大陸棚の発達する水深１２０メートルの海域で、スルメイカの「卵塊らしき」物体の撮影に成功しました。北大練習船「おしょろ丸４世」からＲＯＶを潜水させ、水深80メートル、水温21℃の「中層」で撮影されたものです。

しかし、この映像だけでは「これがスルメイカの卵塊だ！」と科学雑誌に投稿できません。卵塊中の卵を採集して遺伝子レベルで調べ、「スルメイカに間違いない」とのお墨付きを得なければなりません。

２０１４年夏に「おしょろ丸５世」が誕生

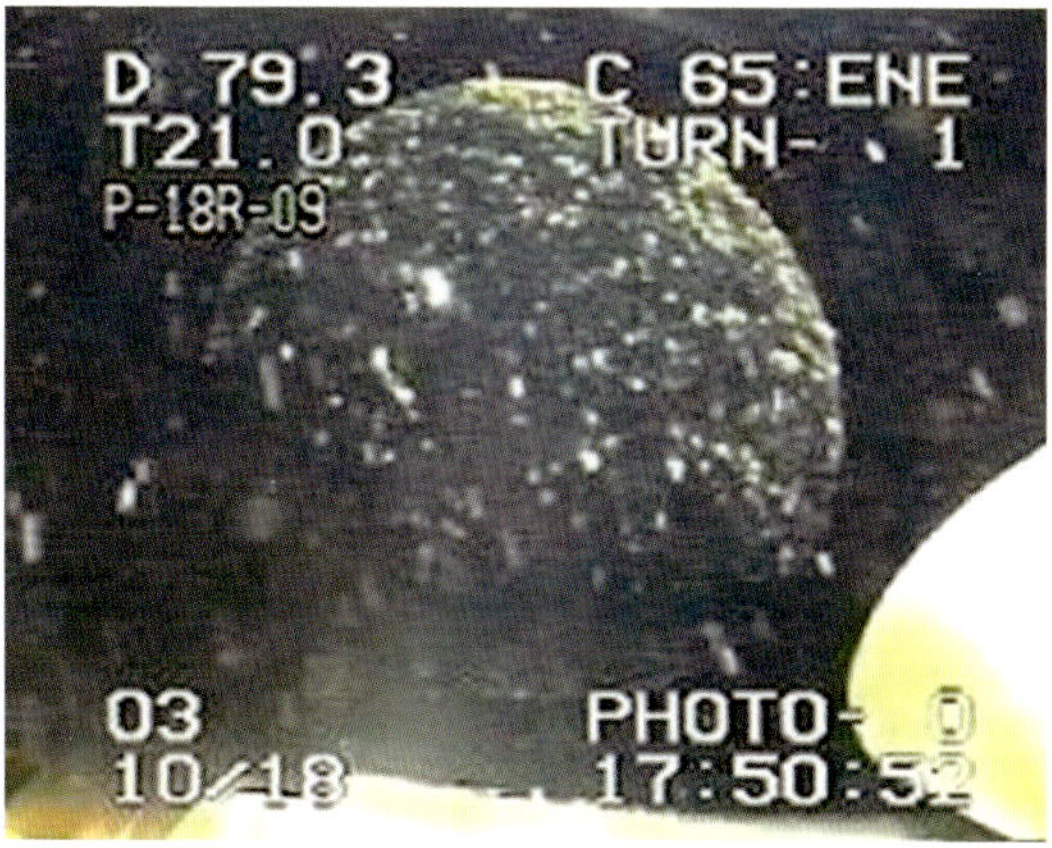

対馬北側の大陸棚海域で撮影したスルメイカの卵塊らしき物体
（2003年10月18日午後5時50分過ぎ。水深80メートル、水温21℃。提供／山本潤）

しました。水深600メートルまで潜り、海洋中の壊れやすいクラゲや卵塊を吸い込んで採集できる科学探査用ROVも装備しています。いつか必ず、海中で卵塊を発見して回収する日が来ると信じています。

幼生の誕生と成長

スルメイカ類の卵塊が、海中でどのように存在するかは、1920年代にイタリアのNaef博士が「海面近くに浮かんでいる」との論文を発表していました。これに対して浜部基次博士は、昭和30年代に「卵塊は海底に沈んでいる」という論文を公表しました。博士は、産卵直前のスルメイカのメスを樽に入れて網をかけ、海底に沈めて引き上げたところ、中にゼリー状の卵塊を見つけました。ただ、スルメイカ類の卵塊が実際に浮いているのか沈んでいるのかは、はっきりしないままでした。

1980年代になって、カナダのオドール博士の研究グループは、当時カナダの東海岸まで北上して年間10万トンも漁獲されていたスルメイカ類のカナダマツイカに注目し、約600トン規模の巨大水槽を使ってこのイカの産卵行動を初めて観察しました。そして、卵塊を産む産卵行動と中層に漂っている卵塊の観察から、次の新しい産卵仮説を提案しました。つまり、海表面の表層側の温かい海水と、中層から海底までの冷たい海水の間に、水温と海水密度が急激に変化する「境界」（「密度躍層」または「水温躍層」と呼んでいます）がある場合、産卵は表層水内で行われ、産卵された卵塊は緩やかに沈んだとしても、この水温躍層の上層にとどまる可能性が高いという説（中層浮遊仮説）です。水温躍層の上層と下層では水温と密度が大きく異なるため、水が互いに交流することはほとんどありません。

　私たちも、対馬の近くで発見した「スルメイカの卵塊らしき映像」や水槽内での産卵行動と卵塊の観察から、海底よりはむしろ中層で産卵し、卵塊は躍層の上の暖水中にとどまっ

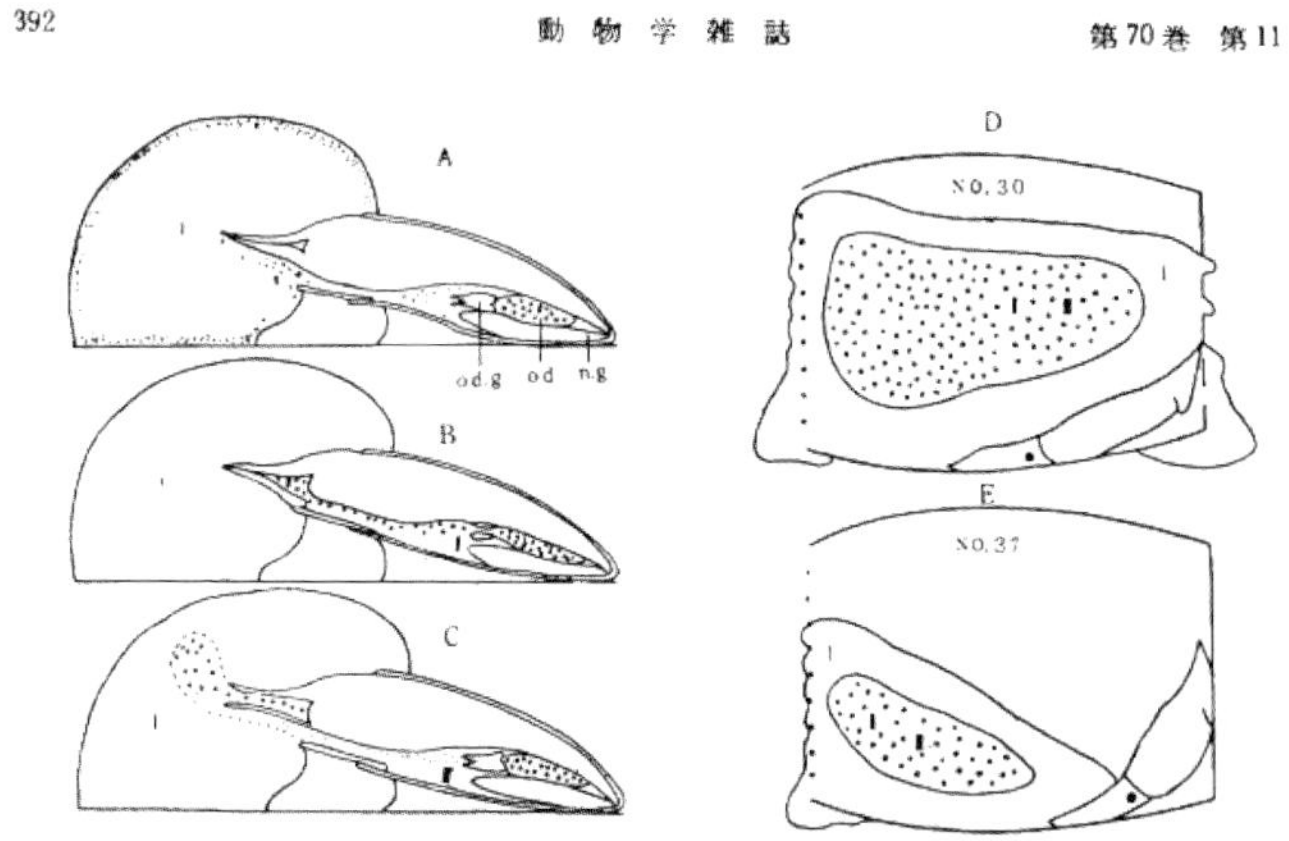

昭和 36 年の動物学雑誌に掲載された浜部基次博士による「スルメイカの産卵」図。島根県隠岐島の内湾、水深 5 ～ 10 メートルの海底で、長さ 50 センチ、直径 30 センチの丸い樽（片側は網を取り付け）にメスイカを入れて産卵後の卵塊を観察した。A ～ C は放出した卵塊膜ゼリーに卵を送り込む様子の推定。D、E は引き上げた樽内の卵塊。水温は 19.7℃

ている可能性が高いと推定しています。そして最近になって、この仮説を函館市国際水産・海洋総合研究センターの大型水槽で再検証しました。詳しくは後ほど紹介します。

それでは、中層にある卵塊からふ化したわずか全長1ミリほどのスルメイカの幼生は、その後どのように成長するのでしょうか。

スルメイカの幼生は、胴体が釣鐘のような形をしており、正確には「リンコトウチオン（釣鐘）型幼生」と呼ばれています。英語では、親の形と全く違っていることから、魚の仔魚やイカの幼生（ラーバ =larva）のもう一つ手前の発達段階のパララーバ（paralarva）と呼んで区別しています。

スルメイカのふ化幼生は、調査船から動物プランクトン採集用のネットで採集されていますが、ただし、卵塊中の卵はゼリー状の卵塊に入っているためか、一度も採集されていません。昭和50年代以降の多くの研究者の調査から、スルメイカのふ化幼生は深くても水深100メートルで、主に水深50メートルから海面近くに生息していることがわかっています。水深100メートルから200メートルに発達する水温躍層から海面に向かって上昇してくるというわけです。しかし、他のスルメイカ類ではこうした実際の産卵場でのふ化幼生の分布や生態に関する情報は少なく、前述したオドール博士らの研究グループによるカナダマツイカの卵発生の観察、ふ化幼生の遊泳行動に関する論文しかありません。

どのような水温や塩分環境で卵が正常に発生し、いつふ化して、どのように泳いで海面近くまで上がってくるのか。これも飼育実験で確かめる必要があります。卵発生とその後のふ化幼生の生存にどのような水温条件が適しているかについての研究は、私たちのグループの以前には全く行われていませんでした。

そして未だにわかっていないのが、スルメイカ類のふ化幼生の最初の餌です。幼生の写真に写っている2本の触腕は分かれずに1本になっていて、その先端には吸盤があります。なぜこのような形態をとるのか、とても不思議です。

日本海区水産研究所の内川和久さんは、胴長4ミリ以上になると、融合した触腕は離れて2本になり、胃の中には動物プランクトンの肢などが見られることを確認しています。また北大のジョン・

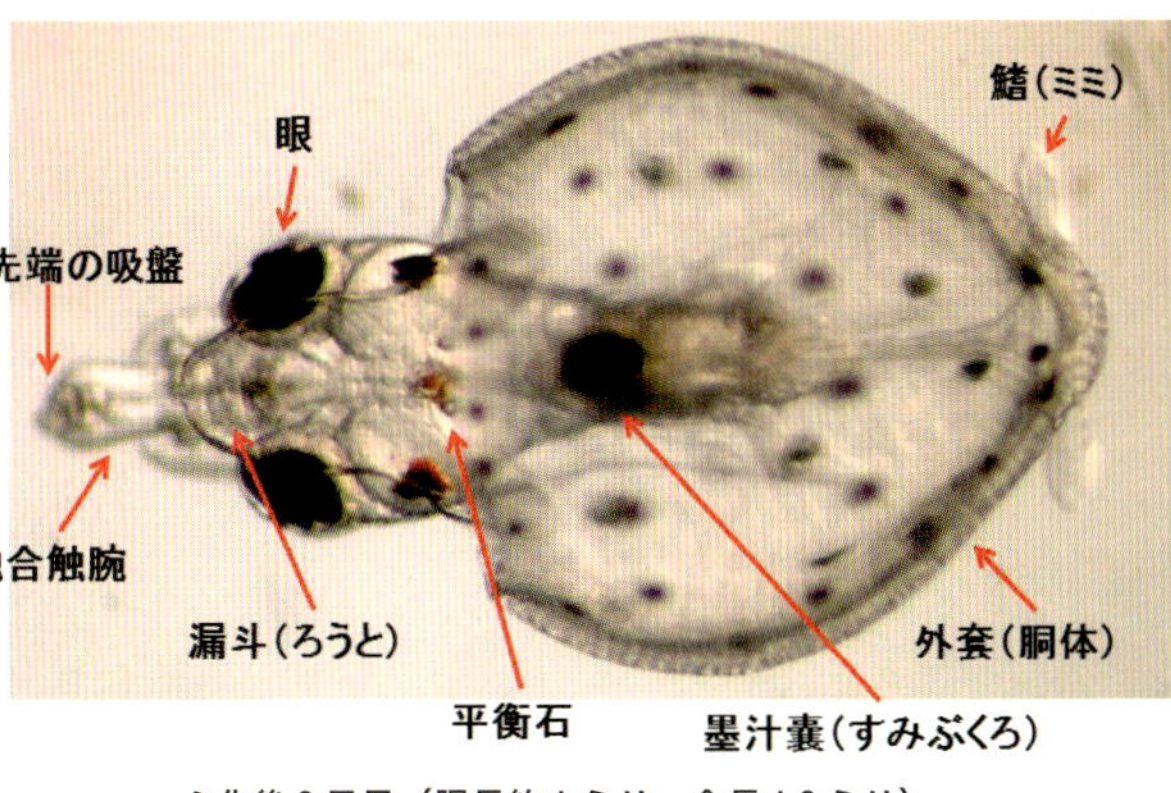

ふ化後3日目（胴長約1ミリ、全長1.2ミリ）

バウアさんは、触腕が1本の間は、スルメイカの口器は鋭くとがったカラストンビではなく、のこぎりの刃のようにギザギザしていることを観察しています。きっと、かれらが食べているものと関係があるに違いありません。

先駆者たちの研究によって、私たちがこれから何を探求すべきなのか、その道すじが見えてきました。

最後の1カ月で命をつなぐ

飼育実験によるスルメイカの繁殖の謎を解くためには、生殖器官が未成熟で、これから南の産卵場に戻ろうとするイカを数カ月間は飼育しなければなりません。何しろ北海道の南部は、成

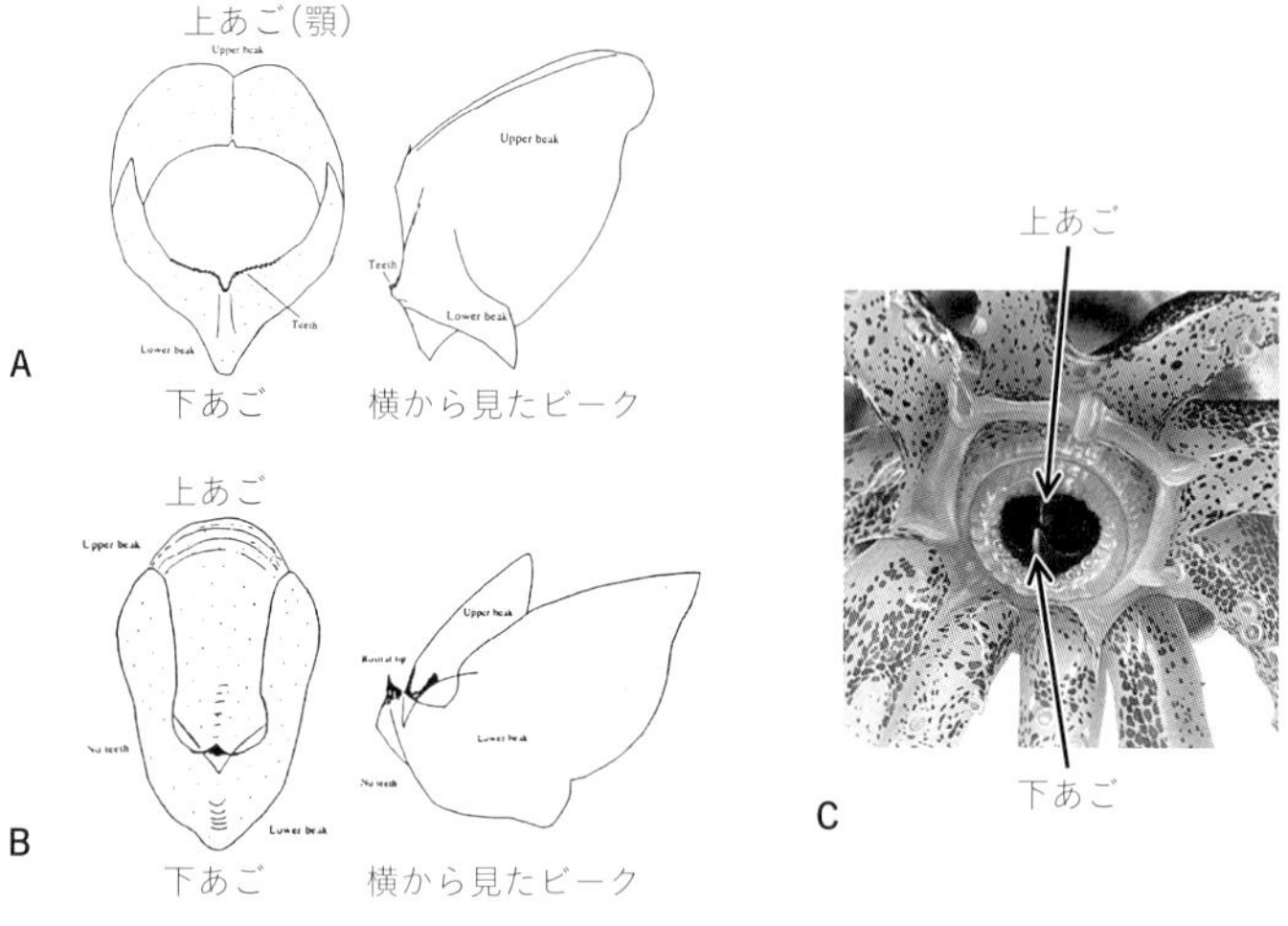

スルメイカの口器。A（胴長1.3ミリの幼生）：上下のあごのビークはのこぎりの刃のようにギザギザ。B（胴長4.4ミリの幼生）：上下のビークに小さなカラストンビが発達中。C：成長したスルメイカのビーク（カラストンビ）
（ジョン・バウア：A、Bは北海道大学学位論文＜1997年＞から）

長するために北上する個体と、産卵のために南下するイカが交錯する津軽海峡が目の前という利点がありました。

ただし、飼育実験による生態研究には絶対に忘れてならないことがあります。障害物のない海で生活する生き物を、狭く人工的な環境で飼育するため、得られた観察結果をそのまま自然の海での現象にあてはめられない場合があるのです。ましてや、泳ぎが得意で、日本列島を一年で往復できるスルメイカが相手とあれば注意が必要です。

さて、私たちのスルメイカの飼育実験は、例年スルメイカが北海道南部に来遊する7月ごろから、年によっては12月まで行っています。1回の飼育実験の期間は、未熟な個体の飼育開始から、メスよりオスが早く成熟して交接行動を行い、その後メスが産卵して死亡するまでであり、およそ1カ月から3カ月単位です。

函館市臼尻の北大水産実験所にある15トンの円形水槽を使った飼育実験では、オスによる交接行動が活発になるころからメスは卵巣中の卵の発達を活発化させ、20日から30日以内に1回または数回の産卵を行って死ぬことがわかってきました。メスは卵巣が発達すると、完熟した卵を輸卵管と呼ばれる器官に蓄えていきます。同時に、後述する産卵時の卵塊形成にかかわる輸卵管腺と包卵腺（P39）が急速に発達します。

魚と違ってイカの場合は、瞬間的な体色の変化はあるものの、内臓が透けて見えます。

このため、メスの輸卵管腺へ排卵されて徐々に蓄えられていく完熟卵の増え方が肉眼でも観察できるのです。この観察から、メスが排卵を開始して約2週間で産卵に至ることもわかってきました。

すなわち、1年を寿命とするスルメイカは、成熟の活発化から産卵、死亡までが、最後のおよそ1カ月の出来事である可能性があるのです。言い換えれば、生まれて11カ月間はせっせと餌を食べて大きくなり、最後の1カ月で次の世代に命を託す作業にとりかかっていることになります。

交接のメカニズム

では、1年というスルメイカの短い一生を、順を追って紹介しましょう。

卵からふ化した1ミリほどの幼生は、4ミリほどになると動物プランクトンを食べ始めます。その後は、餌をより大型の動物プランクトンや小型魚・イカなどに代えながら、どんどん成長していきます。そしてオスは、約10カ月目で生殖器官が成熟してメスに精子を渡す交接行動を行い、メスは約11カ月目から成熟卵を輸卵管と呼ばれる器官に蓄えて産卵します。

スルメイカでは、オスはメスより早く成熟し、メスの卵巣が発達する前から、精包をメスの口球部に打ち込む交接行動を行います。精包中の精子塊は、最初はメスの口器の肉質部分（外唇）表面に付着していますが、その後口器と腕のつけ根の膜質部（口囲膜）にある多数の受精嚢と呼ばれる袋部分に保存されます。

　オスは、成熟するとミミ（鰭《ヒレ》）の胴体内部の精巣が発達し、水槽の上から見ると、その部分が半月形に白く見えるようになります。一方、メスは同じ部分に卵巣がありますが、やや飴色で半透明なので、こちらも水槽の上から見るとメスであることがわかります。

　オスの生殖器官は、かなり複雑で精密にできています（P39）。オスは精巣が発達すると、精子は輸精管を通り、貯精嚢に送られます。この器官で精子はカプセルに詰められ、完成した精包は精包嚢に貯えられます。精子をパッキングした精包

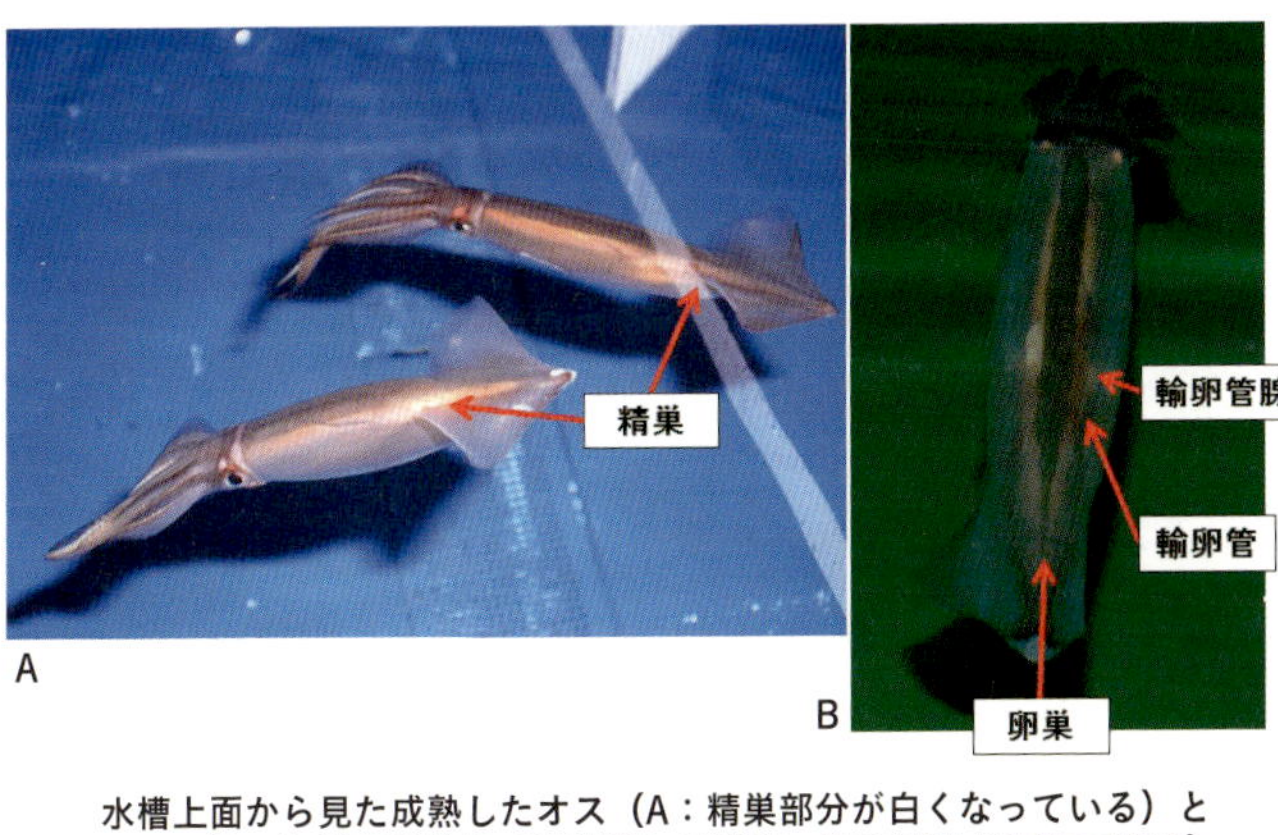

水槽上面から見た成熟したオス（A：精巣部分が白くなっている）とメス（B：先端部が飴色で輸卵管に完熟卵、輸卵管腺が観察できる）

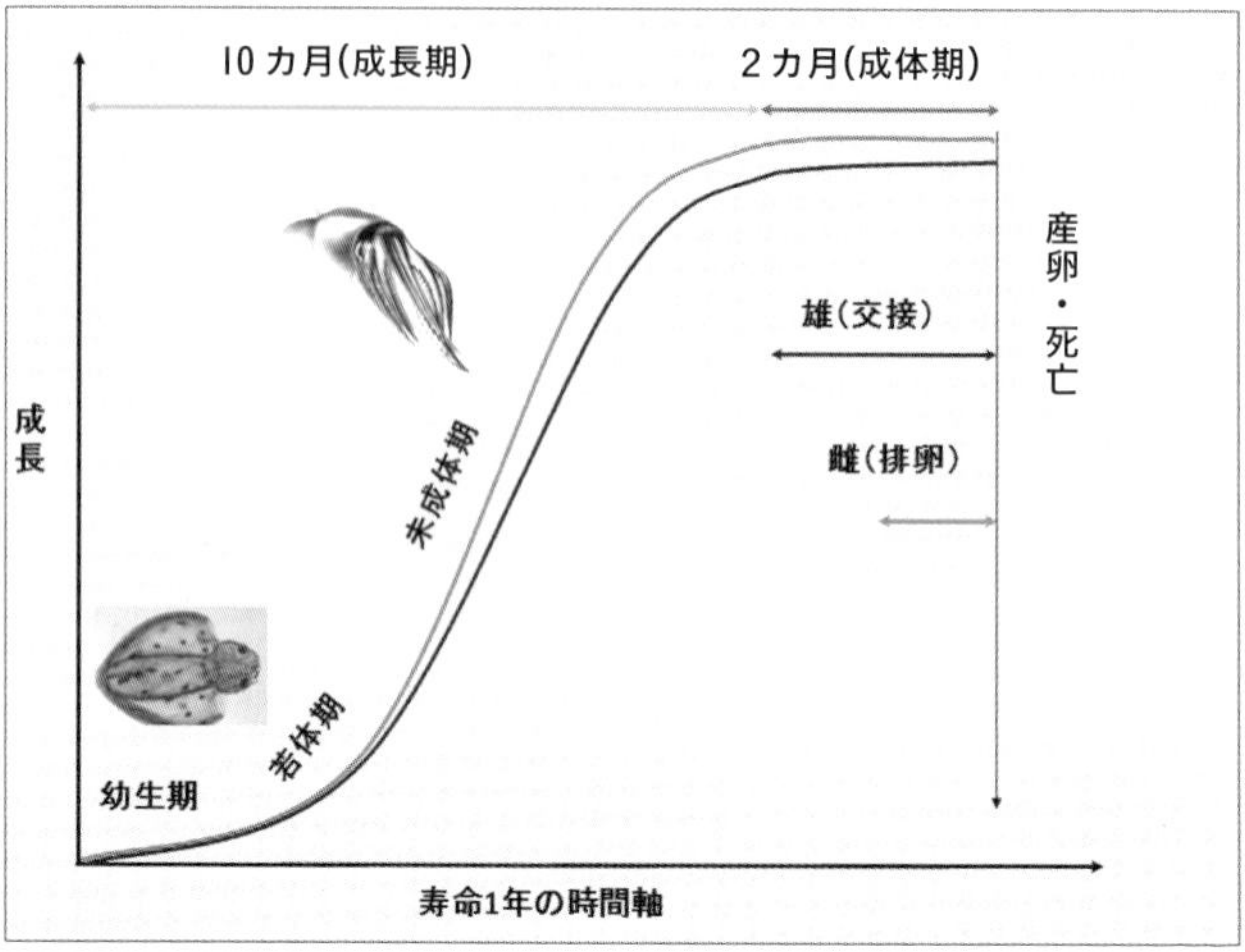

スルメイカの一生

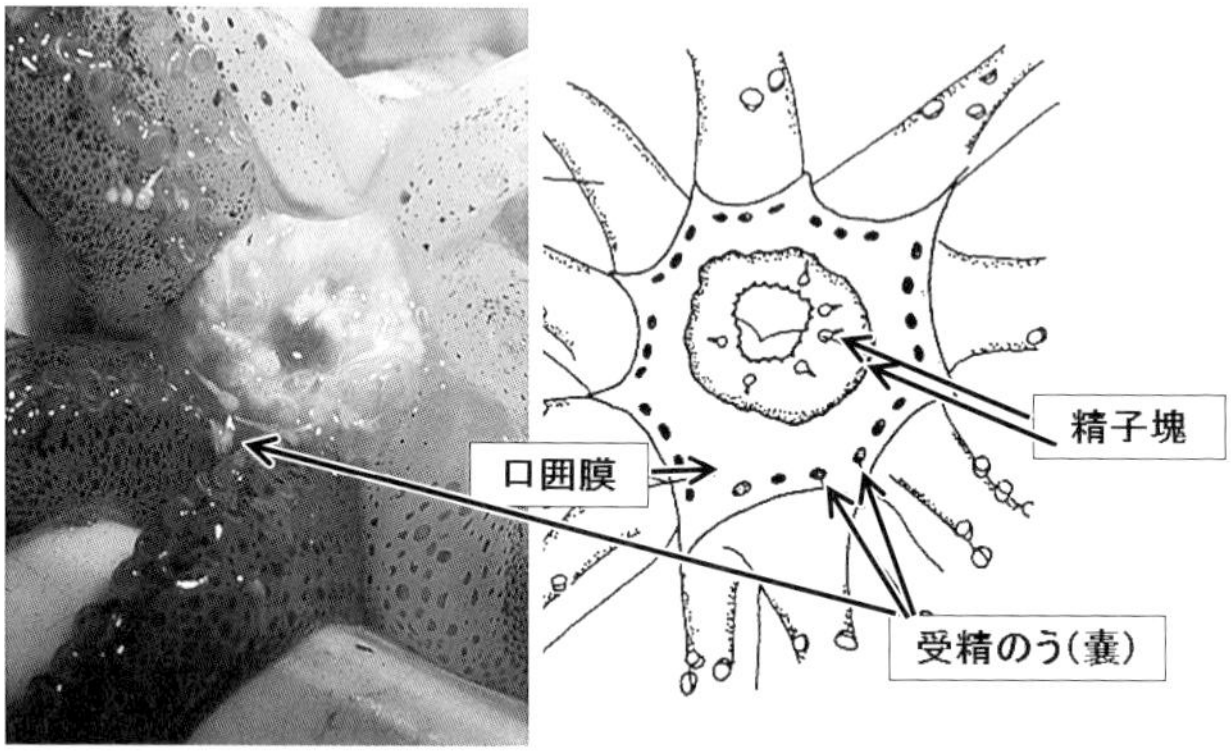

メスの口球部に付着した精子塊と
受精嚢中の精子塊

は、陰茎（ペニス）の中で丸くなった部分を先頭にしてきれいに発射を待っています。この精包の内部にはバネのような射精管があり、カプセルから精子の塊が飛び出す仕組みになっています。さらにこの精子塊にはねばねばした粘着物質がついており、それでメスの体に付着します。この精包をシャーレに入れ、海水を注いでしばらくすると、カプセルの付け根の部分がパチンと割れて、精子塊がピュッと飛び出します。

それでは交接行動を詳しく説明します。オスの交接行動は、卵巣の発達していない未熟なメスに対しても行われます。

水槽でスルメイカをよく観察していると、面白い発見があります。雌雄が互いに接近しすぎると、胴体の付け根の両方の側面に、眼の大きさより数倍も大きな黒いスポットを出します。私はこれを「イヤイヤ・マーク」と呼んでします。これは相手に「これ以上近づくな」という警戒のサインです。しかしオスはこうした警戒マークを恐れず、メスを視覚的に認識し、あっという間にメスに抱きつきます。

メスが交接を受け入れた場合は、オスは第1腕から第3腕の各2本、計6本の腕で、メスの頭から腕までの決まった部分にしっかり抱きつきます。さらに、もっとも長い触腕はメスのヒレの部分まで伸びて、その部分をしっかり捕えます。こうなるとメスは逃げ出すことができません。

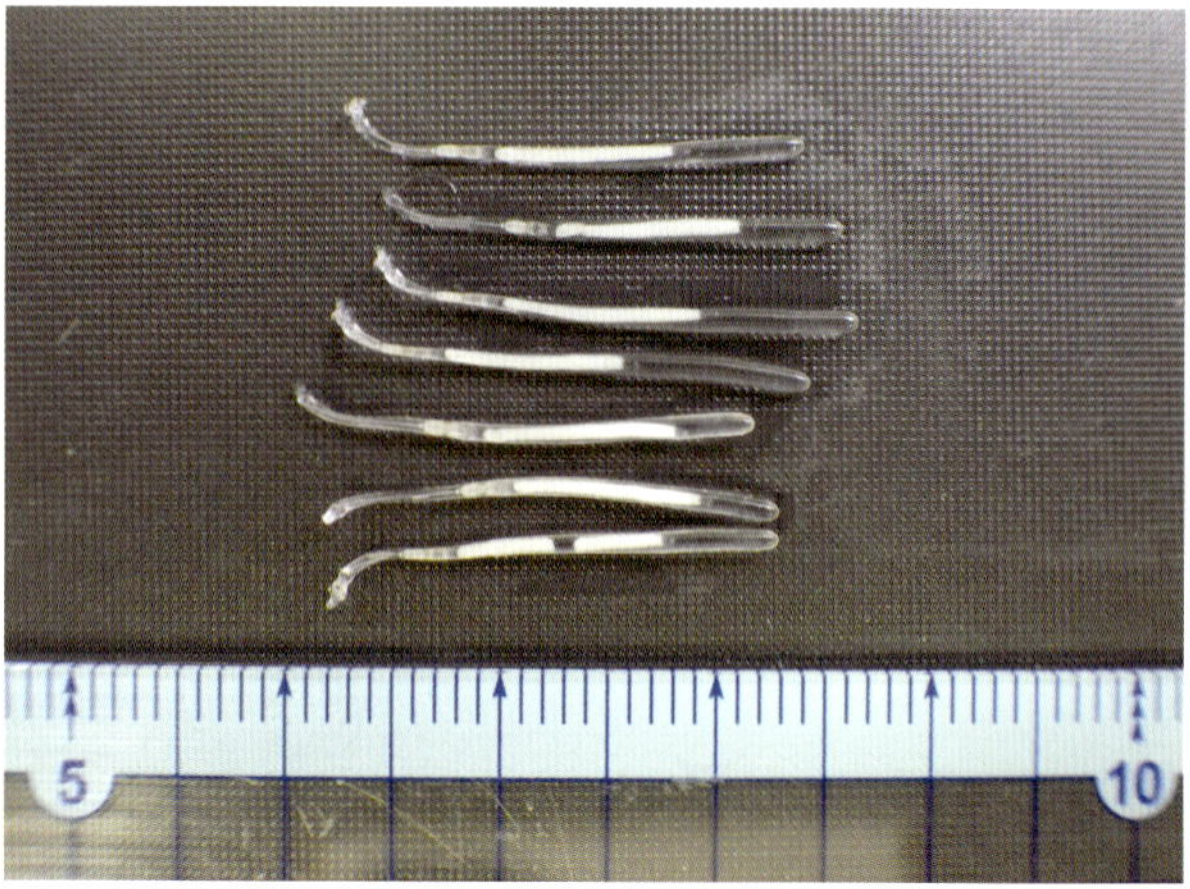

精子塊が発射前の精包

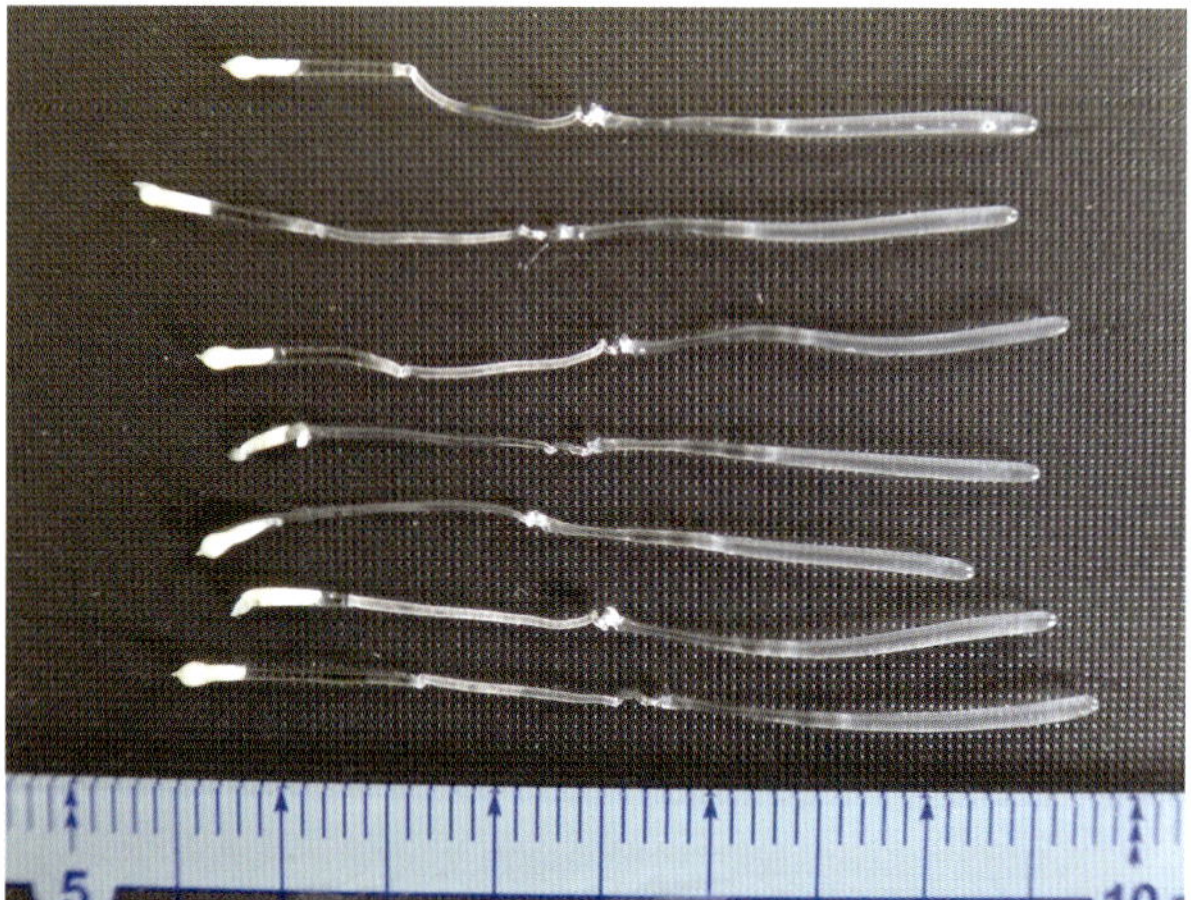

発射後の精子塊と空の精包

スルメイカの精包
（海水に触れると中の精子塊が放出される。撮影／高原英生）

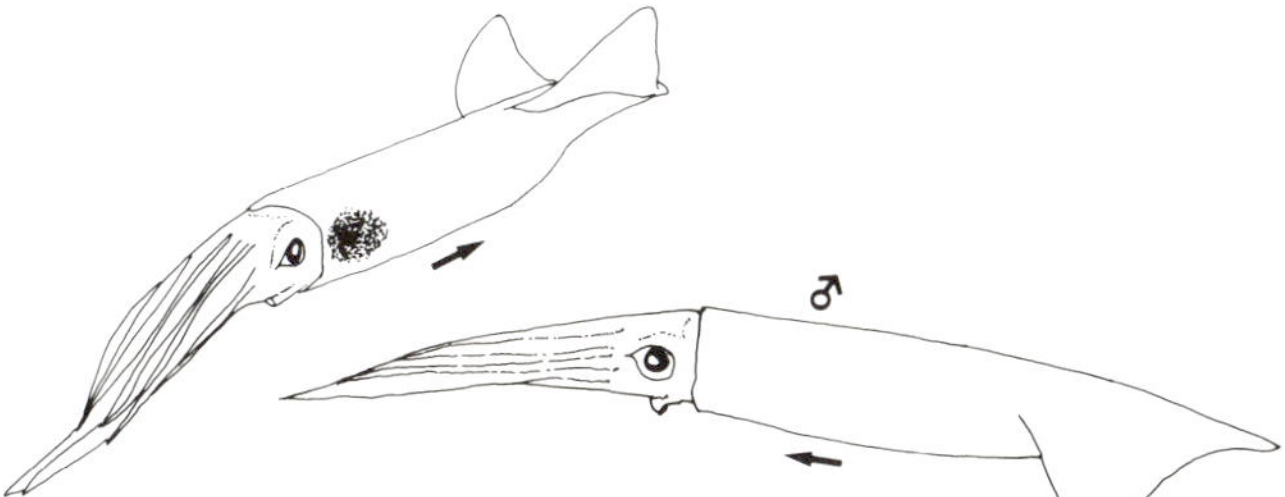

互いに接近しすぎると、一方のスルメイカが胴体の両側面に
褐色のスポットを出す

ところが何度も観察していると、間違ってオスにアタックする場面をしばしば見かけます。その場合には、交接行動を受けた相手は、一瞬腕を大きく広げます。私はこれを「すそ払い」と呼んでいます。どうやら手当たり次第に交接しているようで、間違って別のオスの口の周りに精包を打ち込んだときには、そのオスは精包をもぎ取って、漏斗からの強い水流で吹き飛ばしているように見えました。

私たちは交接行動をビデオ撮影して、その詳細な腕の動きも観察しています。私は必死になって雌雄の合計20本の腕の動きをスケッチしました。

ここに描かれた1回の交接時間はわずか0・2秒。オスは交接姿勢に成功すると、漏斗から吹き矢のように発射された複数の精包を、第4腕（腹側の一番細くて短い一対の腕）の右側の腕（「生殖腕」）の先端で抱え込みます。そして、すばやくメスの口球部（カラストンビのある周りの部分）に運び、その肉質部に打ち込みます。

大型水槽で観察していると、交接の姿勢をとるのは長くても10秒程度ですので、生殖腕の動きを繰り返すことで、数十本の精包がメスの口の周りに打ち込まれると考えられます。私はこの交接行動を30年間でおそらく何百回も観察していますが、いつも全く同じ行動パターンです。20本の腕を巧みに使う動きに、生命の不思議さを教えられます。

ただし、以前スルメイカの飼育実験をしていた水槽は10トンから15トンという小さめの

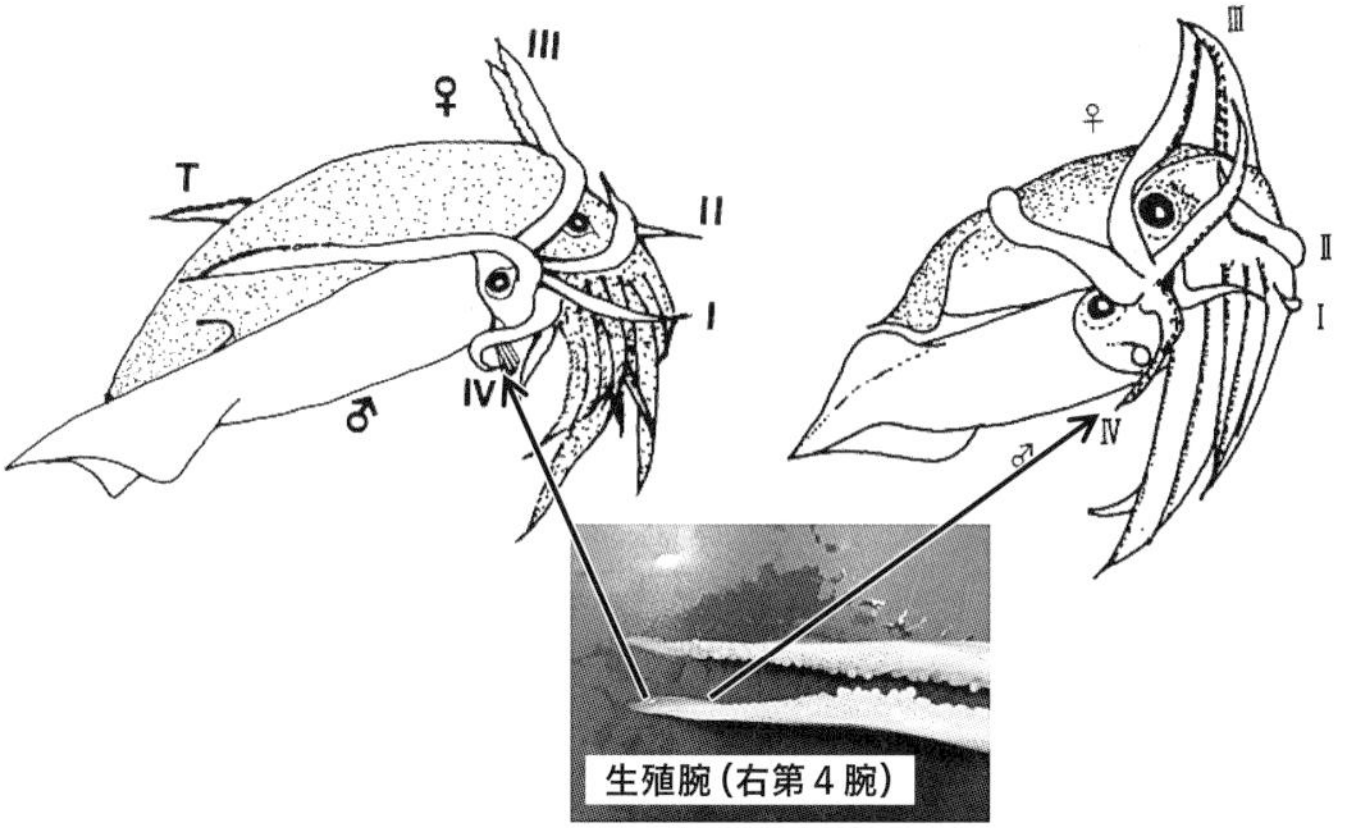

スルメイカの交接行動
（下がオス、上がメス。ギリシャ数字は第Ｉ腕〜第４腕、Ｔは触腕）

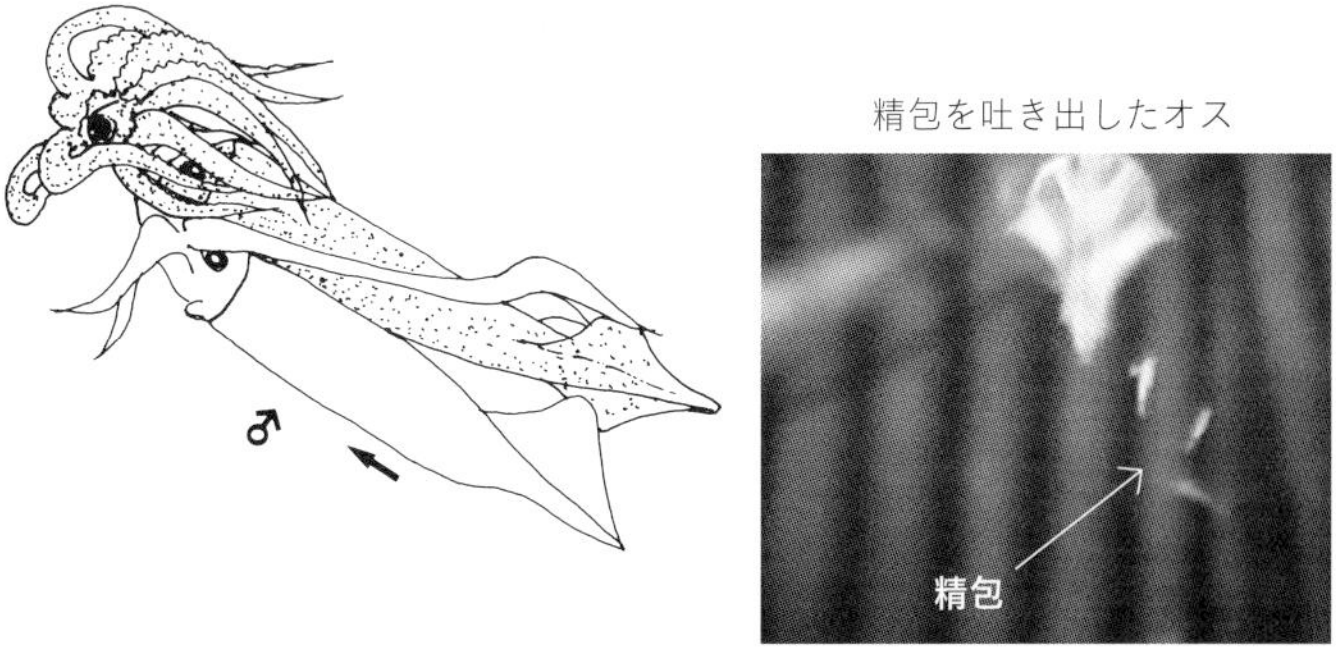

オスからの交接を拒否する（左図：交接を受けた上のメスが腕を目いっぱい広げる。
右写真：オスが交接を受けた場合は、口の周りの精包を腕ではがし、
漏斗の海水の勢いで吐き出す）

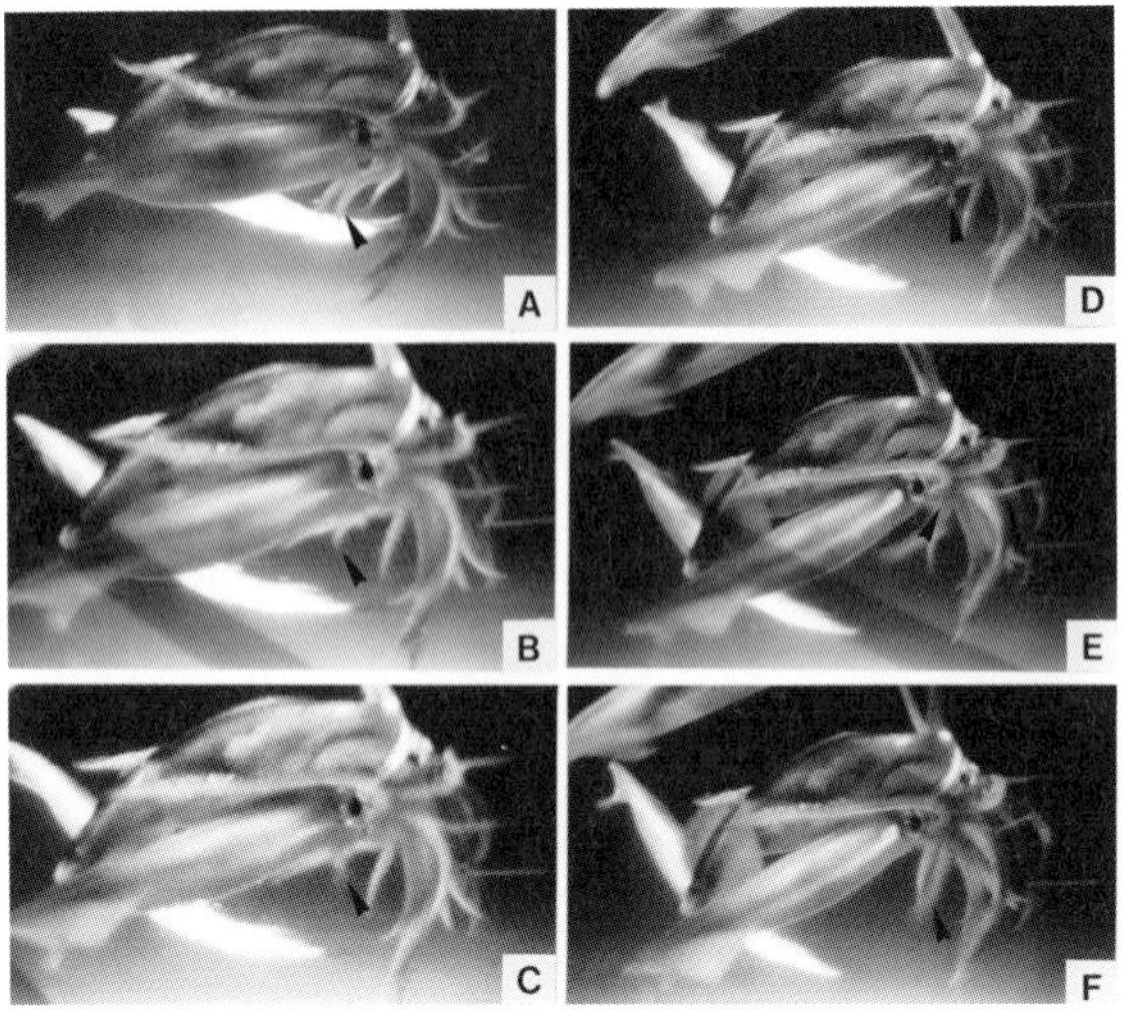

交接行動の連続写真（下がオス、上がメス。矢印は右第 4 腕の位置を示す）

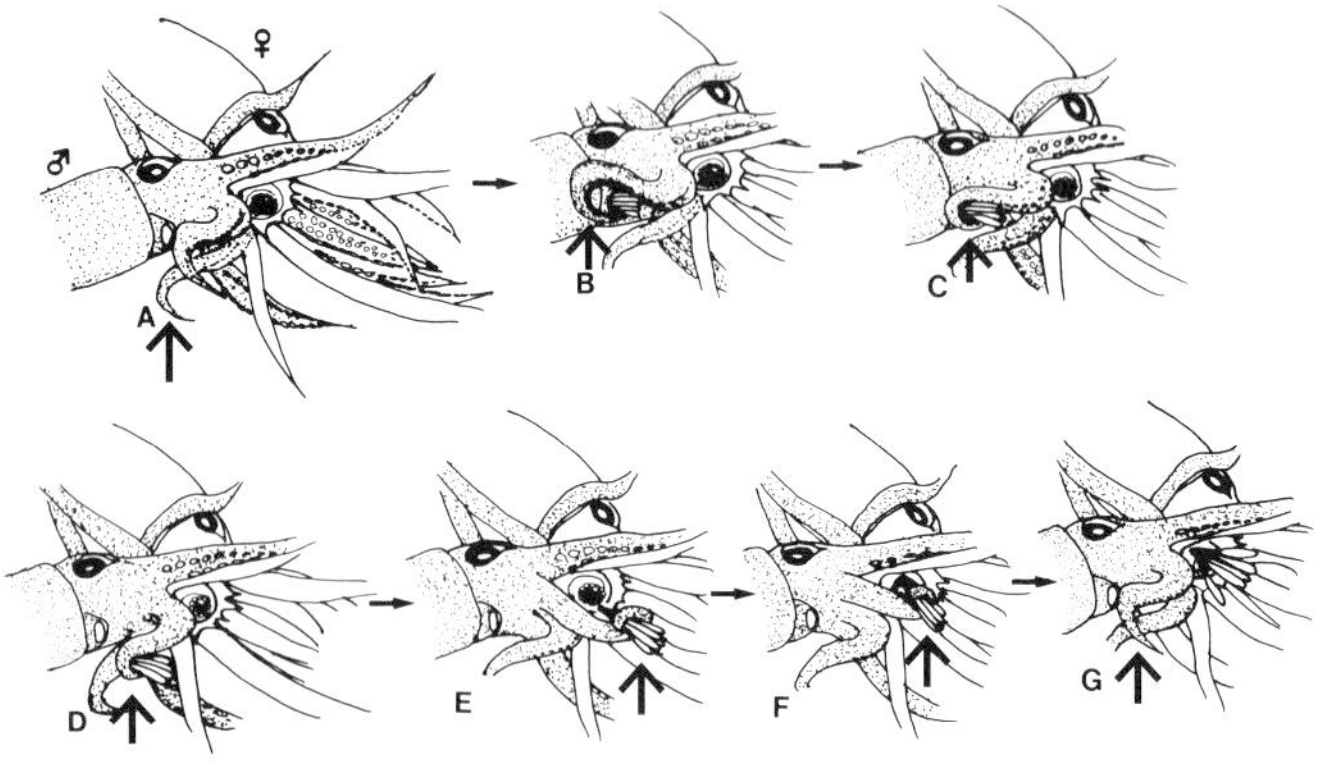

交接行動のスケッチ。C で漏斗から出た精包を生殖腕（矢印）で握り、
D ～ F で精包をメスの口球に素早く運んで打ち込む。
A から G までわずか 0.2 秒の早業

サイズで、成熟したメスを産卵間近までオスと一緒にしておくと、メスはオスの交接行動によって体表面がぼろぼろになってしまいます。そのため、産卵前には少しずつオスを水槽から取り上げます。余談ですが、そのイカは活〆して測定後に、命の恩恵に感謝しながらいただいています。

では、メスの口の周りの精包は、どのようにして腕の周りの膜の部分（口囲膜）に散在する受精嚢に入り、産卵まで保存されるのでしょうか。

精包は口の周りではじけて、中の精子塊が付着します。その後についてはまだ推定ですが、腕をたたんで泳いでいるメスのちょうど腕の付け根に傘状に広がる膜の部分があり、メスの口球部を覆います。その状態になると、受精嚢と精子塊が接触することになり、受精嚢に精子塊がスポッと入ることができます。受精嚢中の精子塊はそこで保存され、その後メスが単独で行う産卵の際に使われます。

もろい卵塊

スルメイカのあの大きな透明卵塊を産む産卵行動は、私がもっとも関心を持ち、追い続けているテーマでもあります。

すでに紹介したように、スルメイカの仲間であるカナダマツイカでは、カナダのオドール博士らが約６００トンという巨大な水槽で飼育して透明な卵塊を産む産卵行動を確認し、この卵塊が実際の産卵場では中層に漂っている可能性を指摘しています。これに比べて、30年間の私たちの産卵行動の観察実験は、海水容量が15トン、水深約90センチの円形水槽で行われました。それでもどうにか、産卵しそうなメスイカを育てることができるようになりました。

産卵しそうなイカは、輸卵管に充満した完熟卵の状態でわかります。メスの多くは１回の産卵で死ぬことが多いため、水槽の観察窓にビデオカメラを据え付けて観察しました。

産卵間近とはいえ、実際にいつ産卵するかはわかりません。かといって、夜も明かりをつけたままではメスイカにストレスを与えます（観察するこちらも疲れてしまいます）。水槽が小さいため、収容するイカの数が多いと、これもストレスの原因になります。産卵しそうなイカを前に、悶々とした日を幾度となく過ごしました。夜間に産卵した卵塊がばらばらに壊れ、そのどろどろした粘液状のゼリーがイカの体内にある鰓《えら》について、全ての個体が窒息して死んでしまったこともあります。

またこんなこともありました。ビデオを回したまま水槽を離れ、戻ってきた時には産卵のあと。ビデオを見ると、テープが終わっていて、私が席を外した空白の15分間の映像がありません。しかも他のイカがぶつかったせいか、卵塊が壊れてしまっています。

飼育水槽は濾過循環式のため、水槽内には緩やかな流れがあります。この流れが腕に抱えて卵塊を作る行動を阻害したのか、卵塊を形作るゼリーと卵がばらばらに放出されたこともあります。

この15トン水槽で完全な卵塊を観察できたのは、30年間でわずか3度だけでした。

「私には見える！」

30年間の実験で、はじめてスルメイカの産卵行動の観察に成功し、ビデオ映像に記録できたのは1991年10月25日の昼のことです。

朝から観察を続け、昼食をとって戻ってきて水槽をのぞくと、水槽の底近くを、一尾のメスがゆっくりと小さな円を描きながら回っています。その腕が次第に傘を開くように広がっていきます。

「産卵だ！」

私は循環のポンプを止め、回っているビデオカメラにしがみつきました。カメラで拡大すると、かすかに透明なゼリー状のものと小さな卵が、漏斗から腕の中に吹き込まれているように見えます。まるで、透明な風船を膨らましているようです。

7分ほどすると、イカは卵塊からすーっと離れていきました。ただしその7分間、卵塊

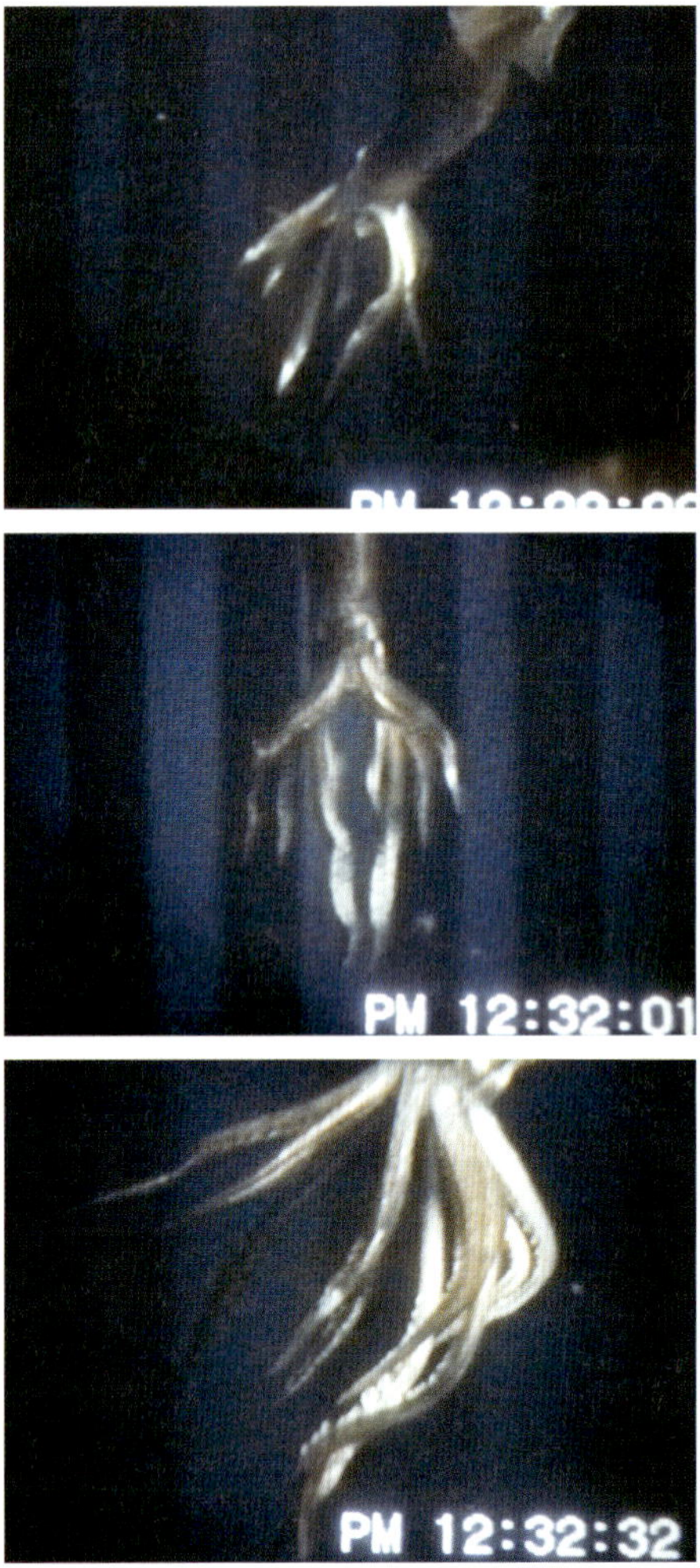

15 トン水槽で初めて観察したスルメイカの産卵行動
（1991 年 10 月 25 日）

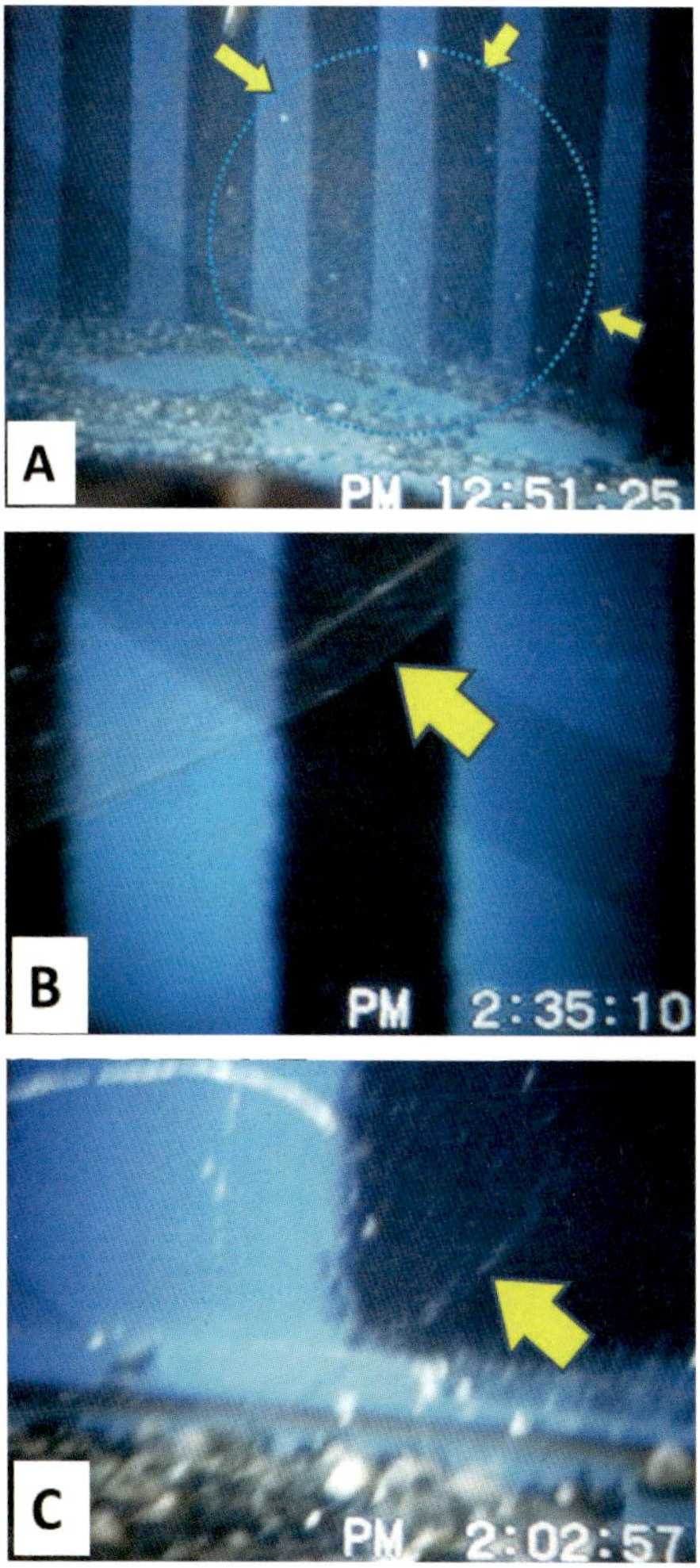

初めて観察した産卵行動後の水槽内の卵塊
（Aの矢印部分。破線で示した卵塊はほぼ透明）。B、Cは約2時間後の卵塊下側の膜の部分

はまったく見えませんでした。間違いなく産卵したはずだと思い、照明を明るくして卵塊を探してもダメです。20分ほどして、拡大したカメラ内の映像を見ると、確かに卵塊表面と海水の境界に一定間隔で無数の卵が見えます。このビデオ画像をもとに、初めてスルメイカの産卵行動の流れを図にすることができました。

交接によってメスが受け取った精子は、受精嚢と呼ばれる袋状の部分に保存されていますが、おそらくこの中の精子も、輸卵管ゼリーや卵と同時に卵塊内に吹き込まれ、卵塊の中で受精が起きていると考えられます。水深90センチの水槽の中でも底に沈むことなく、直径60センチほどの透明な卵塊が、わずかな流れに乗って中層を漂っています。イカの遊泳による水の揺らぎが、まるで大きなしゃぼん玉の表面が波打つように、卵塊の形を微妙に変えていきます。

19℃の水温条件で卵塊を別の水槽に移すと、約1週間後に全長1ミリほどの幼生がふ化してきました。まさしく、オドール博士がカナダマツイカで観察した産卵行動と、卵塊の性状は同じでした。

１９９４年6月のイタリア・ナポリでの国際頭足類シンポジウムでこの映像を紹介したところ、会場の皆さんは「卵塊が見えない」と言います。「でも私には見える」と言ったら、会場が大爆笑となったことを今でもはっきり覚えています。

30年間で2度目の完全な卵塊を水槽で維持・観察できたのは94年の9月、3度目は翌年12月のことでした。卵塊の大きさはいずれも直径約80センチで、包卵腺ゼリーが表面を覆い、その中には輸卵管腺ゼリーと約20万粒の直径1ミリほどの受精卵が一定間隔で並び、海水中では中層に漂うか、わずかに沈む程度の浮遊特性を持っていました。

卵塊は、大きなシャボン玉のように、わずかな水の動きに対してその形を変えます。水槽内の卵塊をネットで回収しようとしても、水の動きと一緒に動いてしまうため、うまくいきません。また、障害物に接触すると表面の膜が破れ、内部の卵とゼリーが小さな塊となって水中に散乱してしまいます。スルメイカ類の卵が、海中からプランクトンネットなどで採集できないのはこのためでしょう。

2度目の時は、目の細かい調査用の流し網のネットを静かに水槽底に張り、ゆっくり卵塊をくるみました。そして観察窓のそばの中層に浮かべて、卵塊内の卵の発生やふ化の様子を観察しました。そして3度目は、卵塊をそのまま水槽内に残して観察しました。

産卵行動と卵塊形成の観察、さらにスルメイカの卵塊形成について先駆的な研究を行った浜部基次博士の論文から、実は前述した包卵腺から出されるゼリーが卵塊の外側の膜（卵塊膜）を作り、その中に輸卵管腺からのゼリーと卵が含まれた構造であることが確認できました。産卵後のイカは、産卵直後から長くても数日以内に死にます。

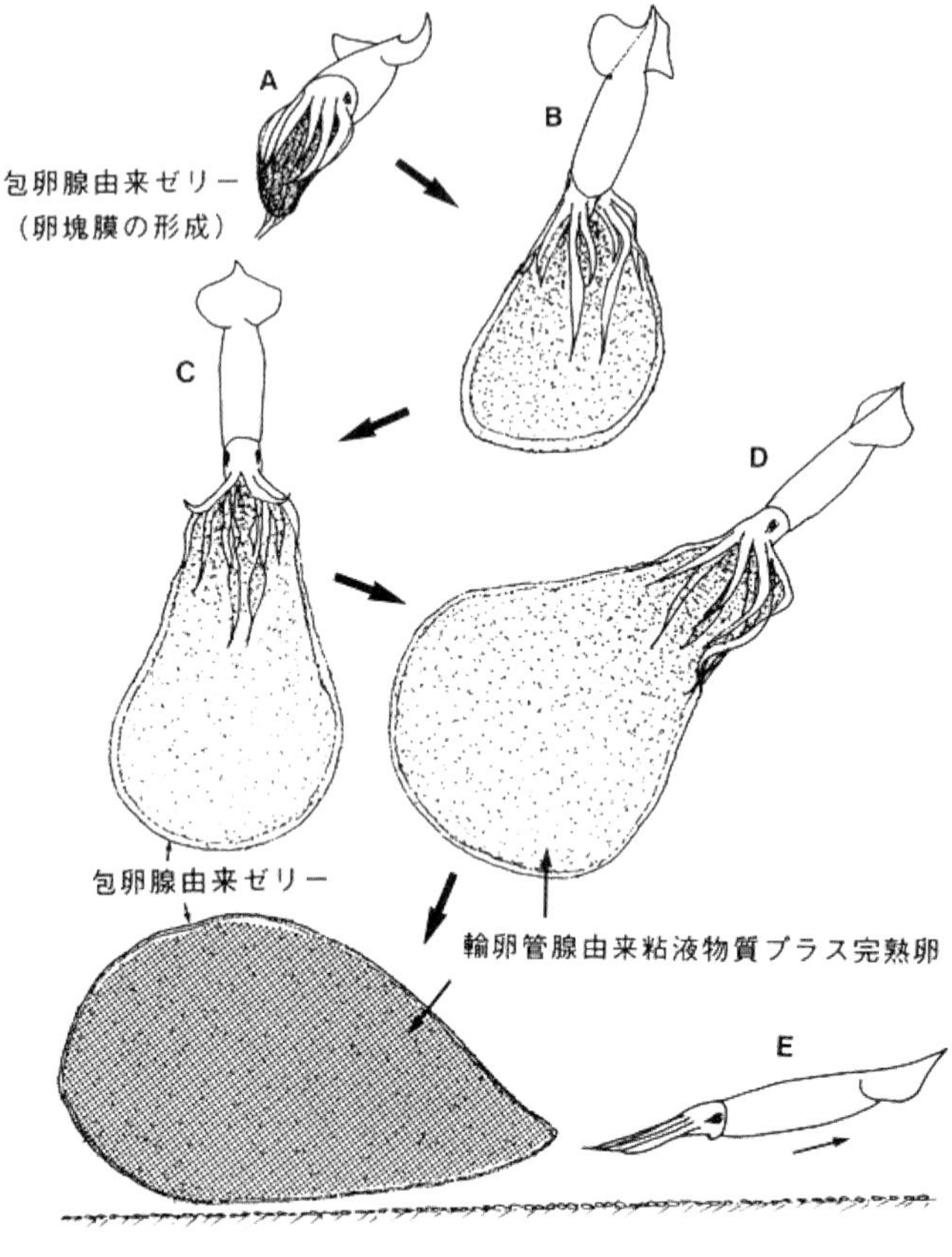

産卵行動の流れ

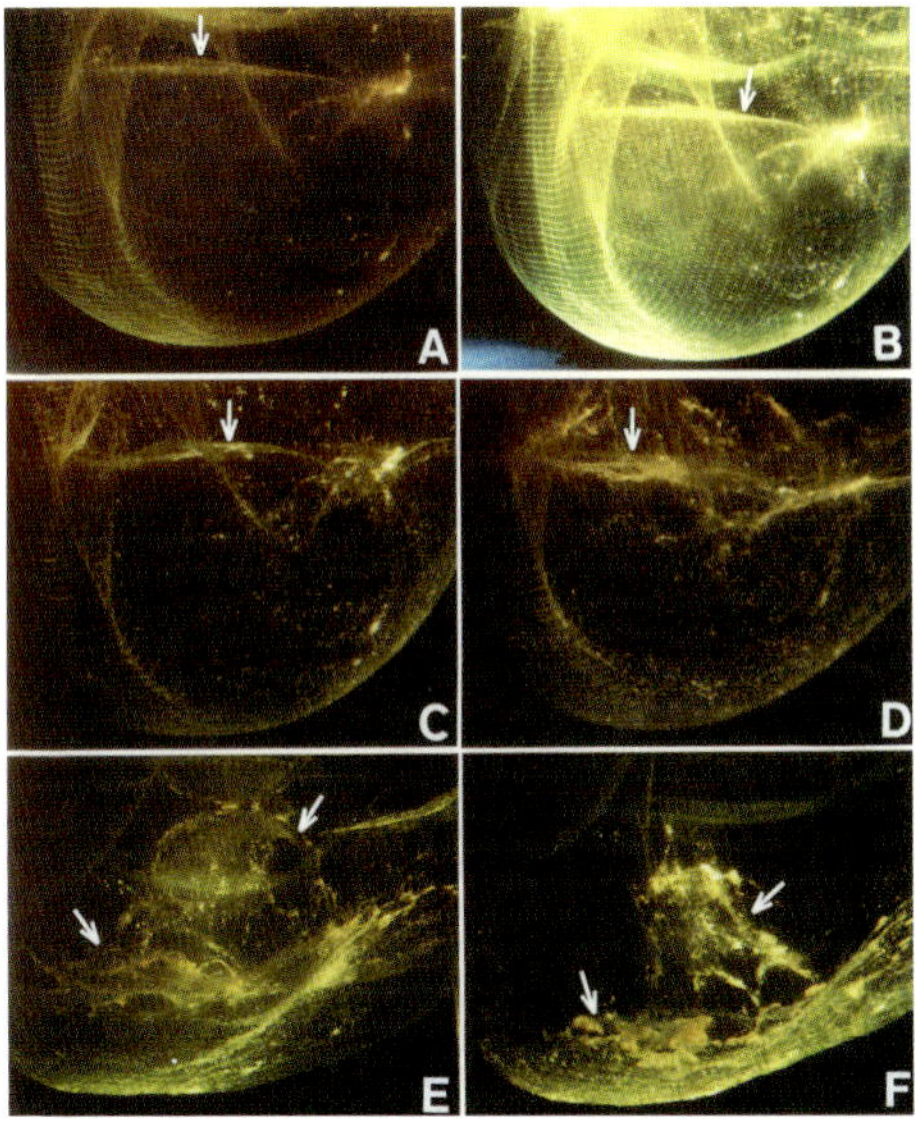

2度目の完全な卵塊の記録（1994年9月25日。Bower & Sakurai, 1996から）

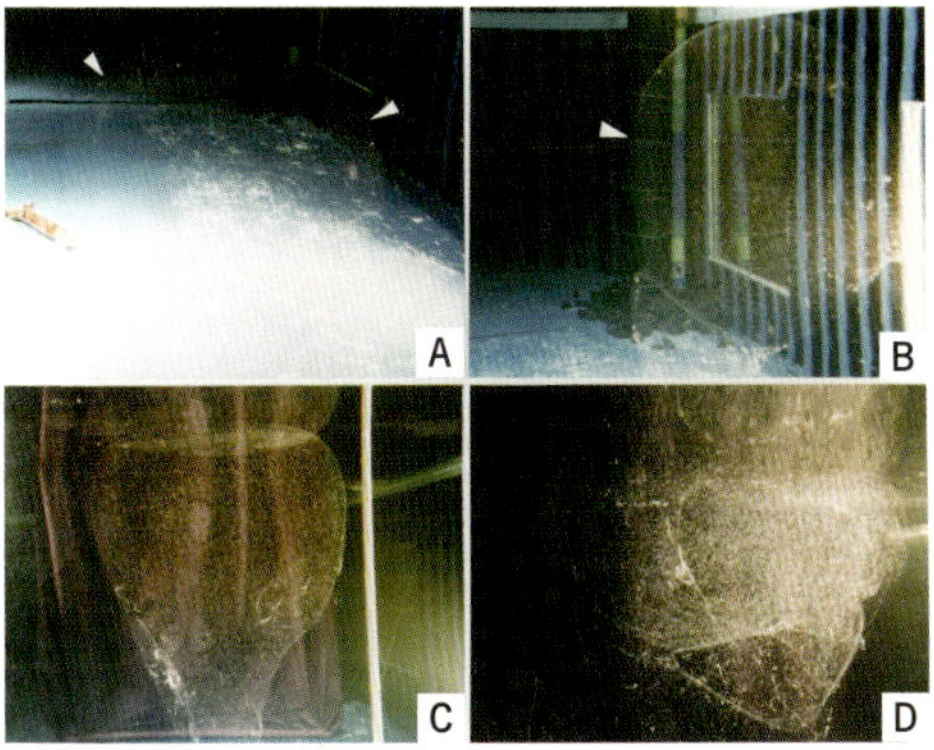

3度目の観察（1995年12月14日）。矢印の部分が卵塊の表面（直径約80センチ）。ふ化が近づくと次第に壊れていく

輸卵管腺ゼリーに包まれたそれぞれの卵は、囲卵腔《いらんこう》と呼ばれる卵膜と胚の間にすきまが発達します。この部分は発生に伴って大きくなり、ふ化までの卵内での胚の回転運動の場を提供しています。おそらくこの回転運動によって、卵膜を通して酸素が中に入ってくると考えられます。

一方、壊れた卵塊中の卵は、発生途中にバクテリアや小型プランクトンによってほとんど食べられて死んでしまうことも確認できました。つまり、卵塊を覆う包卵腺由来の膜は、まるで薄皮饅頭の表面のように薄いのですが、その粘性の強さによって、食害生物が卵塊内に入るのを防いでいます。水槽に沈んでいたふ化後の卵塊膜を手に持って広げると、きれいで透明なゼリー状の膜となり、ちぎれても再びつながる不思議な性状でした。

その後、東京水産大学（現東京海洋大学）の木村茂名誉教授が、卵塊膜を作る包卵腺ゼリーの成分分析を行い

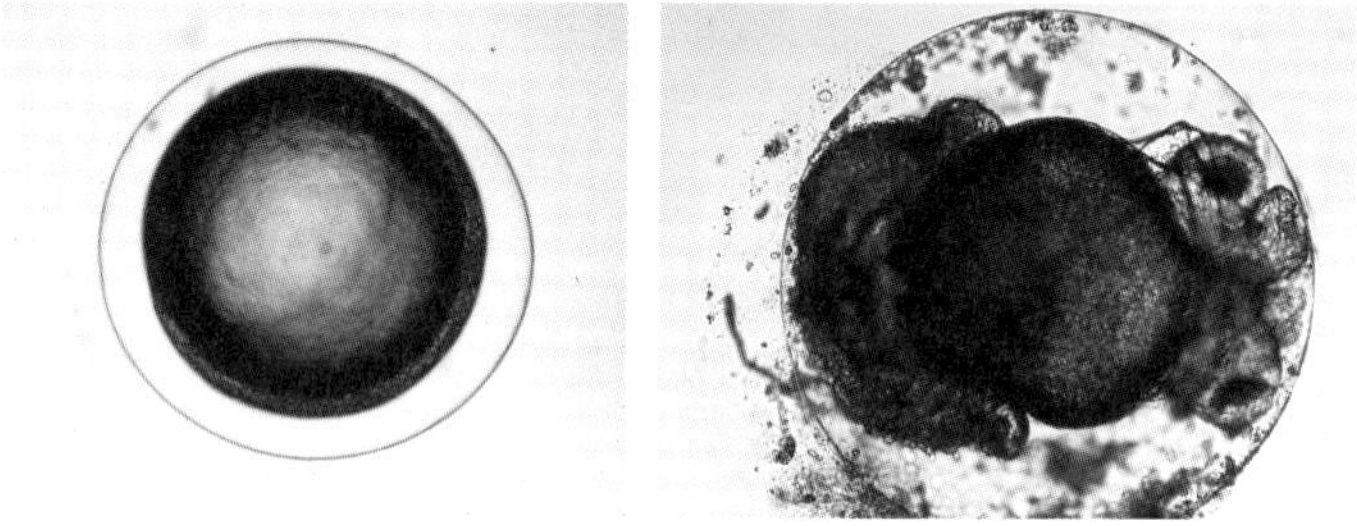

A　　　　　B

A: 卵塊内の発生卵は、胚と卵膜の間の囲卵腔が膨らんでいる。
B: 卵塊が壊れると、発生途中の卵はすべて死ぬ

ました。その成分の多くは粘液多糖類という「ねばねば成分」で、大量のムチンが含まれていることがわかりました。ムチンは、私たちののどや鼻の中にあり、外部から侵入する細菌類やウィルスの活性を抑える効力を持っています。この働きによって、スルメイカの卵塊中の発生卵が守られていることになります。

世界初の人工授精

スルメイカの産卵行動、そして卵塊内での正常な卵発生観察から、私たちは人工授精のヒントを得ることができました。

スルメイカの産卵からふ化幼生が生き残るまでの産卵過程全体を明らかにするためには、卵発生に対する水温や塩分などの物理的環境条件の影響、あるいはふ化幼生の最初の餌を含む初期生態の解明が必要です。しかし、スルメイカでは過去に、約10～13℃の水温条件のみの人

水槽から回収した卵塊膜

工ふ化実験しかなく、どのような水温条件が適しているかについての研究は、私たち以前には全く行われていませんでした。

スルメイカの主要な産卵場は、秋には日本海南部、冬には東シナ海に移動します。また、夏には北日本周辺海域でも産卵する可能性が指摘されています。すなわち、スルメイカの産卵場は、産卵に適した水温の海域の変化に伴い、季節によって移動していく可能性が高いと考えられます。この仮説の検証のためには、卵とふ化幼生が最も生存に適した水温や塩分条件を探ることが重要でした。

1990年代初めに、スルメイカの生殖を研究テーマにしていた池田譲さん（現・琉球大学教授）は、オスの生殖器官から輸精管までの各生殖器官と精包中の精子を取り出し、どの生殖器官の精子が授精できる能力を持つかを調べました。さらに、メスの輸卵管腺と包卵腺から分泌されるゼリーのどちらに卵膜を膨らませる成分があるかも調べました。その結果、精子の授精能力は、オスの生殖器官の中で精包としてパックされるときに獲得されていること、卵塊膜を作る「包卵腺ゼリー」ではなく、卵塊内で卵を一定間隔に保っている「輸卵管腺ゼリー」が発生卵の囲卵腔形成に重要であることを、スルメイカの仲間では初めて実験的に証明しました。

また、その後の人工授精によるスルメイカとアカイカの幼生の大量ふ化試験の成功には、ハワイ大学のディック・ヤング博士から教えていただいた輸卵管腺の凍結粉末作成法と、0・2ミクロンのフィルターによる濾過海水の使用でバクテリアなどの増殖を抑制できたことが大きく貢献しています。さらに最近では、バクテリアの発生を抑える抗生物質の微量の添加が有効であることがわかっています。

私たちは、スルメイカ、アカイカおよびトビイカなどのスルメイカ類において、世界で初めて人工授精法を確立し、卵発生とふ化幼生の発育過程を明らかにすることができました。この人工授精方法は、輸卵管腺を凍結乾燥して作成したゼリーを用いて、卵の正常発生に欠かせない囲卵腔形成を人為的に誘発させるということと、卵発生を阻害するバクテリアと原生動物の増殖を防ぐという点で画期的な方法です。現在では、世界のスルメイカ類の卵発生試験に広く用いられるようになりました。

ここで人工授精方法の流れをやや詳しく説明します。スルメイカでは、飼育している個体から産卵直前のメスを取り上げ、実験室に生きたまま運びます。そして、暴れないように即殺して、胴体の腹側から開腹します。輸卵管を開いて、滅菌したスプーンを使って成熟卵をシャーレに取り出し、精包またはメスの受精嚢から精子を抽出して受精させ、輸卵管腺ゼリーと濾過海水を入れ、その後の卵発生を追跡しました。この際、人工授精卵をさまざまな水温条件下で発生させ、卵発生とふ化幼生に最も適した水温範囲の検討を行っています。

　1℃刻みのインキュベーター（ふ卵器）を準備し、12～27℃の範囲で調べました。この研究にもたくさんの学生、大学院生がかかわりました。その中で、当時東京水産大学の博士課程に在籍していた渡辺久美さんが、卵発生からふ化した幼生までの発達過程を論文にまとめました。今ではこれが、スルメイカ類の発生過程の「教科書」になっています。

　次に、修士学生であった古川紘子さん（現・水産庁）が、卵発生とふ化幼生に対する塩分濃度を調べました。

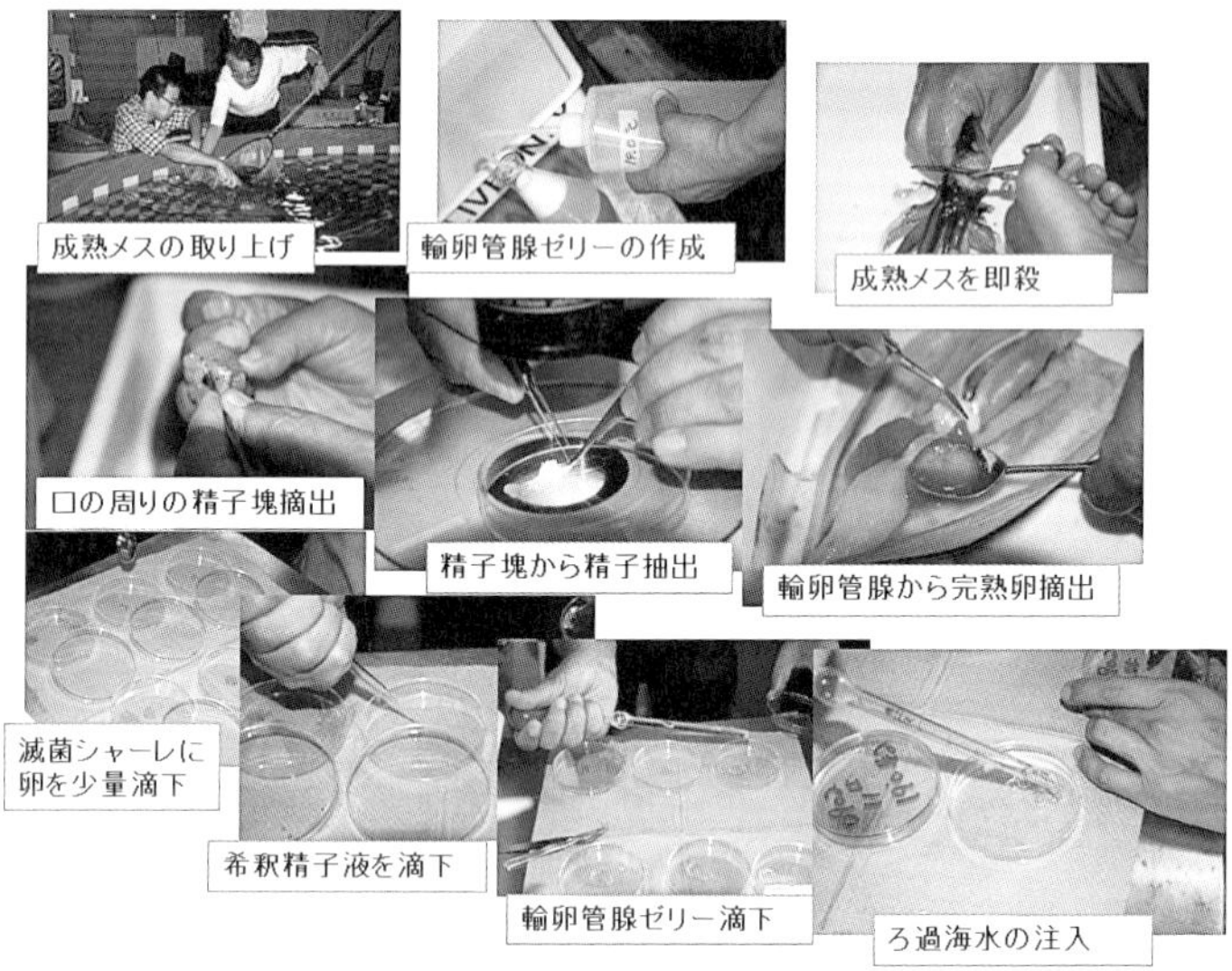

スルメイカの人工授精の流れ

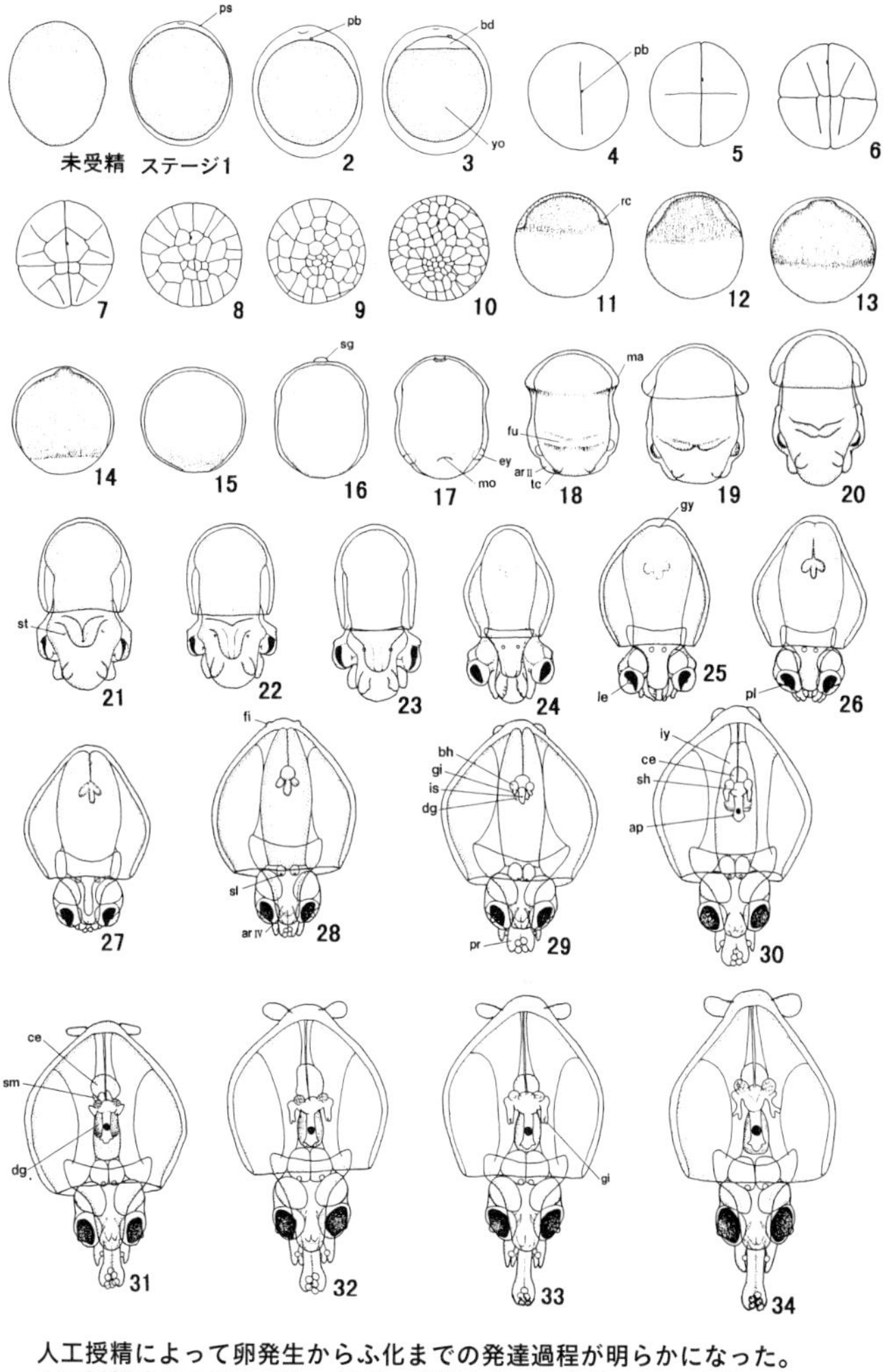

人工授精によって卵発生からふ化までの発達過程が明らかになった。
人工授精でのふ化はステージ 28、卵塊からのふ化はステージ 30 − 31
（渡辺久美：東京水産大学学位論文〈1997〉他から）

スルメイカの主な産卵場は、能登半島以南の日本海と東シナ海です。この海域は、中国の長江の大洪水の影響を受けて、海表面の塩分が非常に低くなることがあるのです。そうした異常気象が、海表面近くで生活するスルメイカのふ化幼生にも影響する恐れがあります。

普通の海水の塩分濃度は3・2〜3・4％ですが、適水温の20℃で塩分を変えた発生試験を行ったところ、3％以下になると奇形のふ化幼生が約40％の確率で出現し、2・4％では受精後1週間以内に全滅しました。海で生活する一般の魚類はもっと塩分耐性がありますが、スルメイカが塩分の変化に弱いことがはじめてわかりました。

そして、これらの卵塊の海水中での状態と、発生の適水温を探ることにより、実際の海でのスルメイカの繁殖生態の糸口を見つけ、今後の産卵場調査に向けた基礎条件を得ることができました。この方法によって、スルメイカの胚発生過程、および卵発生とふ化後の幼生の生存適水温を調べた結果、15〜23℃の範囲が最適と判定されました。さらに、この水温範囲で卵塊の形状が維持される日数は、15℃では9日、20℃では5日、23℃で4日程度であることが明らかになりました。

幼生はどこへ行く？

15～23℃で卵塊内から正常にふ化幼生が生まれたとして、はたしてその水温範囲で、深ければ数百メートルの中層から海表面まで活発に泳いで行くことができるでしょうか。

前述したように、表層の暖水と下層の低温水の境界には、水温と海水密度が急激に変化する層状の部分（水温躍層）があります。表層水塊内で産卵された卵塊は、ゆっくり沈降しながら水温躍層より上層でふ化することが、幼生の生存にとって重要です。これまでの産卵海域でのふ化幼生の分布調査では、ほとんどのふ化幼生は海面近く、深くても水深50メートル以浅で採集されています。つまり、数百メートルの中層でふ化した幼生は、間違いなく海面に向かって上昇遊泳しているはずです。

私の研究室の修士学生だった宮長幸さん（現・小林製薬）に、ふ化した幼生が最も活発

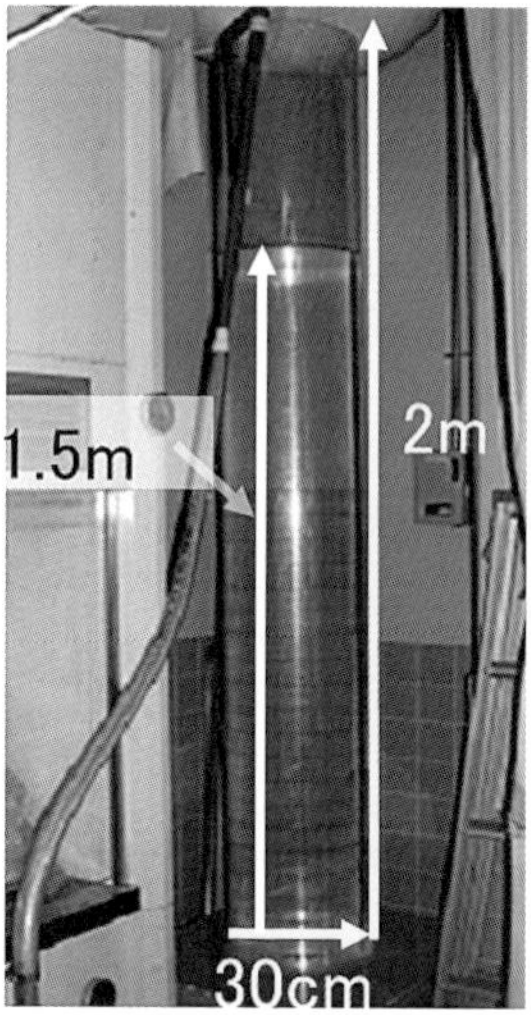

15～25℃の1℃刻みで水温を設定し、円柱水槽の底にステージ30-32（生後およそ1～2日目）のふ化幼生を入れ、1.5メートルの表層まで上昇する個体数と遊泳速度を測定した
（宮長幸：修士論文〈2006〉、山本他〈2012〉から）

に泳いで上昇する発育段階と水温範囲を調べる実験をお願いしました。高さ約2メートルの円柱水槽、あるいはクライセルと呼ばれる円形水槽に15〜23・5℃の水温の海水を入れ、ふ化幼生の発育段階と水温、泳ぐスピードの関係を観察しました。

スルメイカの遊泳行動は、胴体内に海水を注入させて、その海水を胴体の腹側に突出する漏斗から噴出させるジェット走法です。ふ化直後の幼生も、心臓のように胴体を拍動させ、漏斗から噴出する水流によって上に向かって泳ぎます。実験の結果、18〜23・5℃で上昇遊泳を行い、特に19・5〜23℃の水温範囲で最も多くの幼生が円柱水槽の表面まで上昇し、水面近くでぴょこぴょこ泳いでいることがわかりました。この実験により、海中の中層に浮かぶ卵塊からふ化した幼生は、19・5〜23℃の表層暖水内であれば海面近くに達することができるという貴重な知見を得ることができたのです。

では、海面近くの水温が24℃以上の高水温の場合は、どのような行動をとるのでしょうか。ふ化幼生は「熱い」と感じて適水温の下層へ沈むのでしょうか。それとも、上にしか泳げず、その「熱い」海水に入り込んで死んでしまうのでしょうか。

韓国からの留学生のユ・ヘギョン（柳海均）君（現・韓国国立東海水産研究所）の学位研究のテーマとして、水温躍層を再現した実験水槽を作り、24℃以上の高水温の場合、ふ化幼生がそれを回避する行動をとるかどうかを調べることになりました。

私の研究の発想は、よく「長嶋茂雄的ひらめき」と言われます。この研究でも、「小型実験水槽の中に上下に高温・低温を再現する。しかも上が冷たく、下が温かい」という現実ばなれした条件を思いつきました。これに応えてくれたのが同僚の山本潤さんです。四角い水槽を上下に仕切り、円柱の水槽を立てます。そして、上下で異なる水温になるよう、加温冷却機で強制的に2つの水温層をつくりました。あえて不自然な状況をつくり出すことによって、実験の信頼性を高めることがねらいです。

ユ君は、人工授精からふ化させたスルメイカ幼生をこの水槽に入れて、果たして高水温を回避するかどうかの実験に取り組みました。こうした実験は再現性が重要ですので、同じ実験を何度も繰り返し、結局約3年間かかりました。

結果は、下層が20℃で、表層が24～26℃と「少し熱い」場合には、幼生は上昇遊泳して上層に入り込み、ほぼ全滅します。つまり、卵塊からふ化した幼生は、中層の適水温からせっせと表層へ泳いでいくことになります。ただし、約30℃近い高水温を表層に再現すると、この高水温を回避して、水温躍層にとどまります。

実際に、秋の対馬海峡付近の海面水温は26℃以上になっていることがあります。幼生がこの高水温域に入り込めば、ほとんどが生き残れないことになるのです。

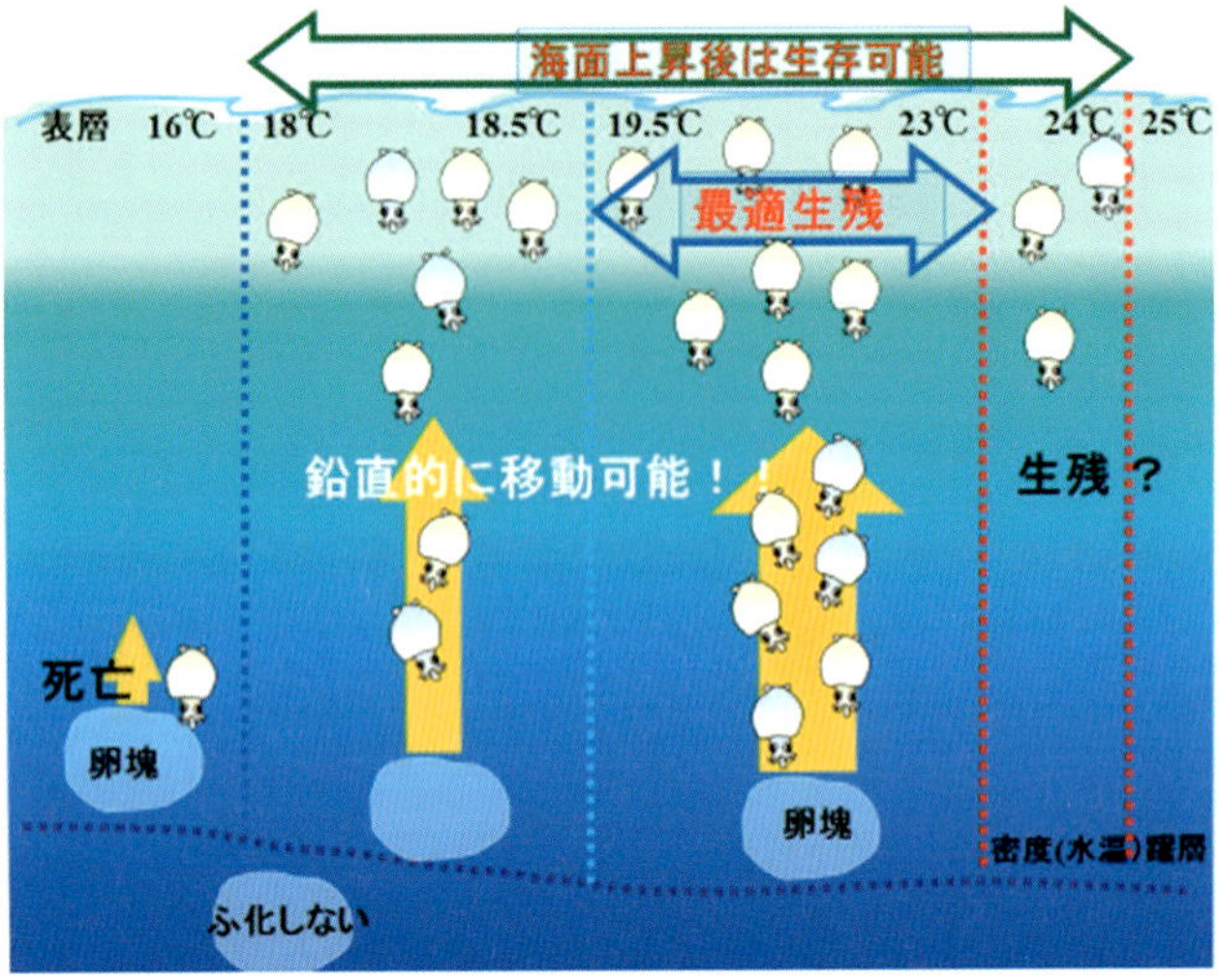

水温 18℃以上 24℃未満、特に 19.5 ～ 23℃の表層で
最も生き残ることができる

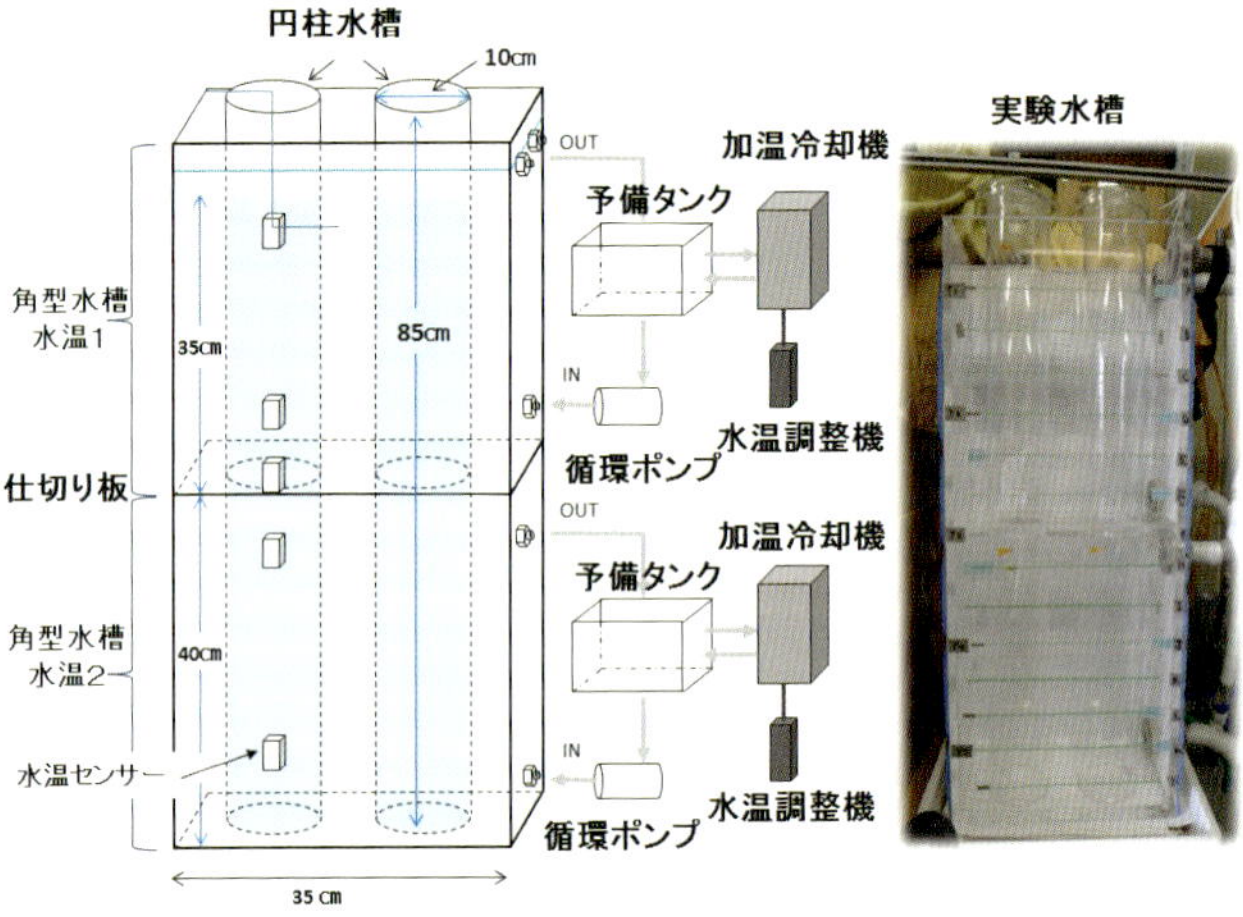

上下で異なる水温を設定できる実験水槽

●円柱水槽の底に、卵塊からふ化して上昇遊泳できるステージ 31-32（P145 参照）のふ化幼生 10 個体を入れる
●下層は 20-22℃、上層はそれぞれ 24℃、26℃、30℃に設定
●ふ化幼生が境界部分の水温躍層に留まるか、表面まで上昇するかを観察・記録

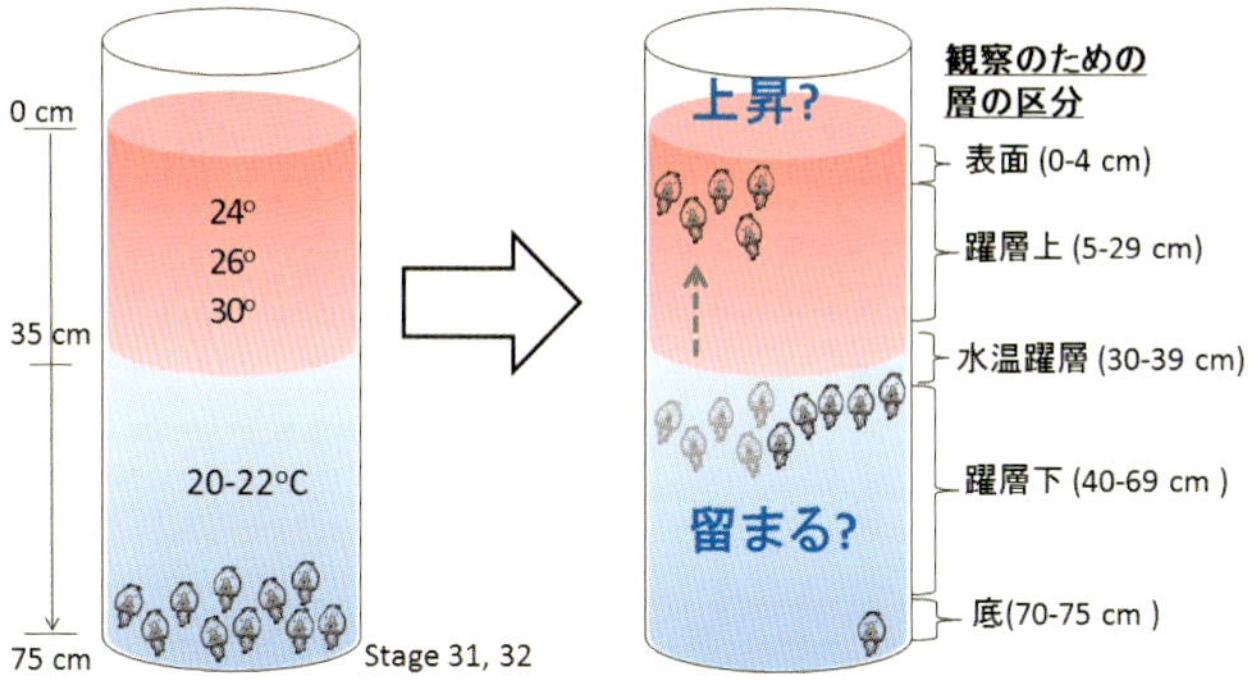

円柱水槽内の上下の水温を変えて、ふ化幼生の行動を調べる
（柳海均：北海道大学学位論文〈2015〉他から）

●表層が 30℃と高水温の場合は中層にとどまる
●24 ～ 26℃であればそのまま上昇し、早く消耗して死ぬ

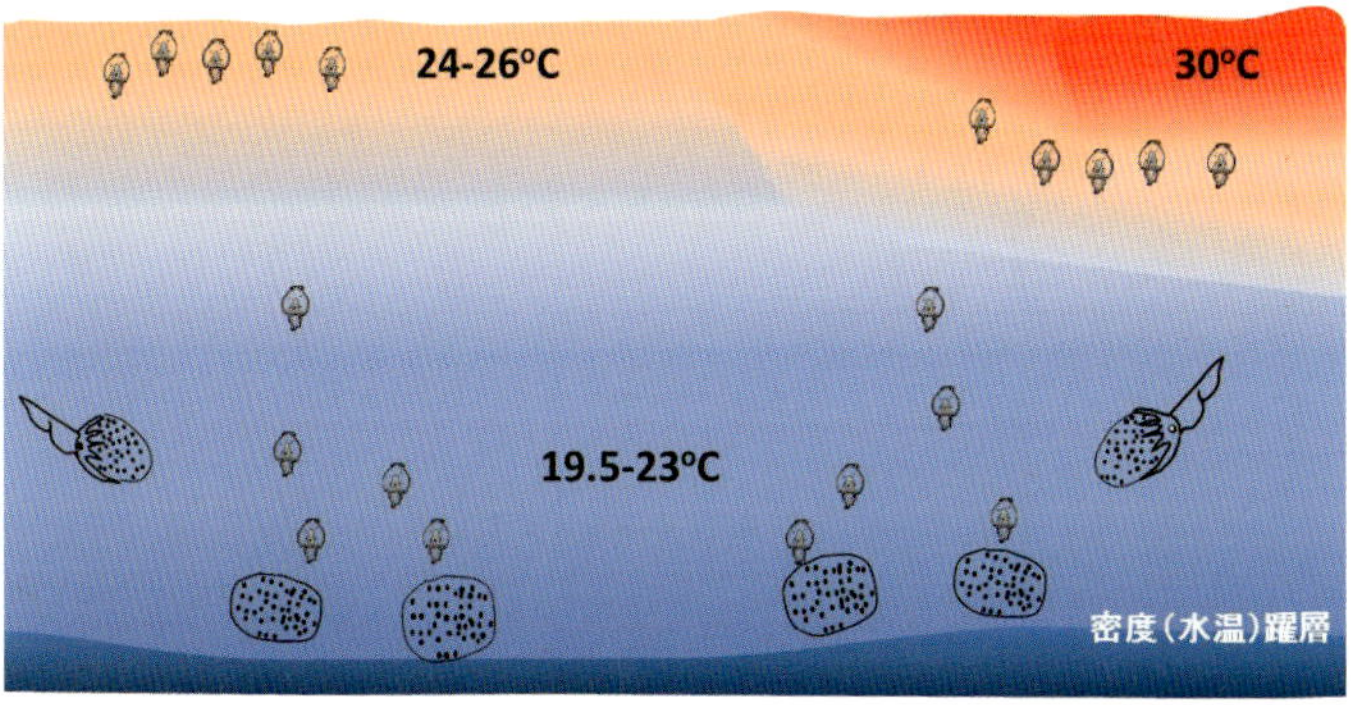

表層水温の違いによるふ化幼生の行動の仮説（柳海均の実験データから）

高水温に強いアカイカの幼生

１９９０年代に私は、ほぼ毎年2月、今は廃船になった北大練習船「北星丸」のハワイ大学との共同調査に参加していました。この時、ハワイ諸島周辺で、船上から釣り上げたアカイカやトビイカのメスを使った人工授精に挑戦しました。船内の狭い実験室にインキュベーターを持ちこんだ実験です。

冬のハワイ沖は大時化です。まるでジェットコースターに乗りっぱなしの状態が何日も続きます。人工授精がうまくいくと、最初に細胞が２つになり、やがて４つに分裂します。しかし、激しい船の揺れで、シャーレの中の卵がコロコロと転がってしまいます。すると全滅です。

ようやく卵が転がらないように工夫して、数個体がふ化しました。しかし、大揺れの船内では、顕微鏡でふ化した幼生を観察し、撮影することはとてもできません。この時は、緊急にカウアイ島の港に入り、陸の上で顕微鏡をセットして、ようやくアカイカのふ化幼生の撮影に成功しました。

それから約20年たった２０１３年の11月末から年末までの１カ月間、水産庁の調査船「開洋丸」によるハワイ周辺での「アカイカ産卵場調査」に乗船することができました。この航海計画があることは、ちょうどその１年前に東北水産研究所の酒井光夫さんから聞いていました。スルメイカではすでに、卵発生の適水温が15～23℃、ふ化幼生が活発に上昇遊泳できる水温範囲が19・5～23℃であることを突き止め、それを使って季節・年ごとの産卵場の場所を推定できています。

２０００年代になって、アカイカの漁獲量は減る一方です。アカイカは北太平洋に広く分布しています。夏から秋に北の海で成長し、冬から春に、日本の近くでは小笠原諸島周辺からハワイ諸島周辺で産卵すると推定されています。公海である外洋では、台湾、中国からのイカ釣り漁船も操業しています。最近の漁獲量減少の原因は乱獲のためなのか、海洋環境変化によるものなのか、まったく不明です。

90年代にはアカイカの人工授精に成功していましたが、スルメイカのように、船上で１℃刻みの卵発生実験ができていたわけではありません。そのことが20数年、ずっと気になっていました。

ただ、開洋丸に１カ月間も乗船するためには、陸上での業務に支障がないようにしなければなりません。授業や教授会等の会議を欠席するため、１年前から周到に準備し、なんとか乗船に漕ぎ着けました。

３千トン弱の大型船開洋丸には広い内部甲板と研究室があります。ここに約10台のインキュベーター、ふ化幼生の飼育装置などを持ち込み、揺れても大丈夫なように、乗組員の方がそれらをしっかり固定してくれました。

調査には、このテーマで私と学位研究を行うインドからの留学生ダーママモニ・ビジャイ君が乗船しました。あとは成熟したアカイカが釣れるのを待つばかりです。船員さんたちが、夜に一生懸命手釣りをしてくれました。釣れたらすぐ人工授精です。

船上はまさに「動く研究室」。この乗船調査中に、ついにアカイカの発生とふ化幼生が活発に遊泳する水温範囲が特定できました。それは18～25℃でした。この成果は、ビジャイ君の学位論文の一部となりました。

スルメイカでは24℃が上限でしたが、アカイカの幼生は25℃までの高水温でも元気に泳ぐことができるのです。スルメイカは温帯海域に適応しているのに対し、アカイカはハワイ周辺の亜熱帯海

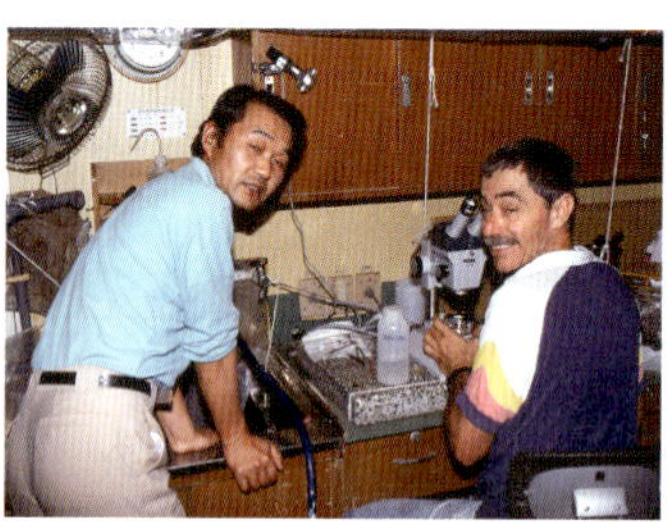

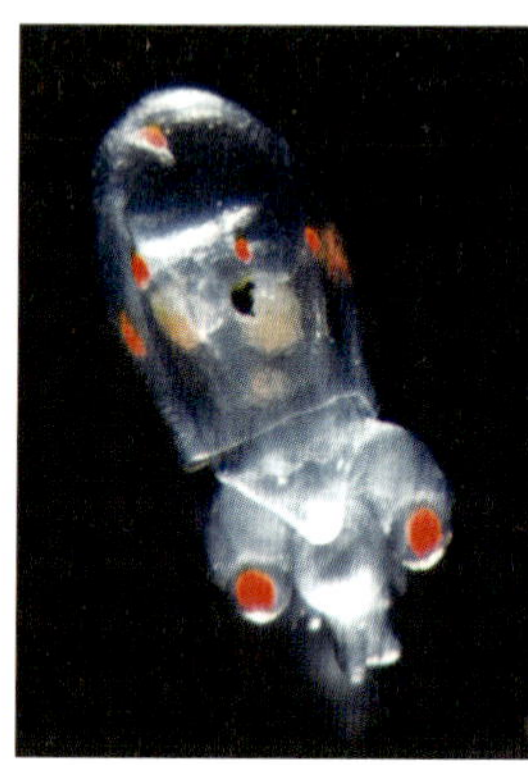

北大練習船「北星丸」でのハワイ沖共同調査
(1994 年 2 月。船内の実験室でハワイ大学の Dick ヤング先生と。
右は初めて人工授精に成功して生まれたアカイカ幼生。
黒を背景に撮影すると目と色素胞が赤く見える。P155 の写真も参照)

域でも産卵できることが明らかになりました。

アカイカの正確な産卵場はまだはっきりしていません。しかし、人工衛星によって毎日観測される海面水温の水温分布図によって、過去、現在、未来の推定産卵場の変化を知ることができます。次のイカ研究者への宿題ができました。

この調査にはおまけがあります。開洋丸ではアカイカ以外にもトビイカ、スジイカというスルメイカの仲間が釣れます。こちらも人工授精によってふ化幼生が誕生し、その形の特徴と色素のつき方などを初めて明らかにすることができました。

座るスルメイカ

これまでの研究により、スルメイカの卵塊とふ化幼生が生存できる水温環境を実験的に確かめることができました。この水温条件は、スルメイカ

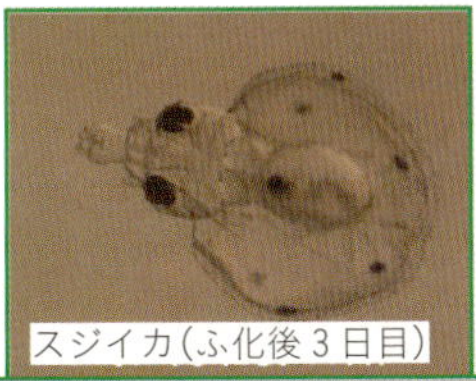

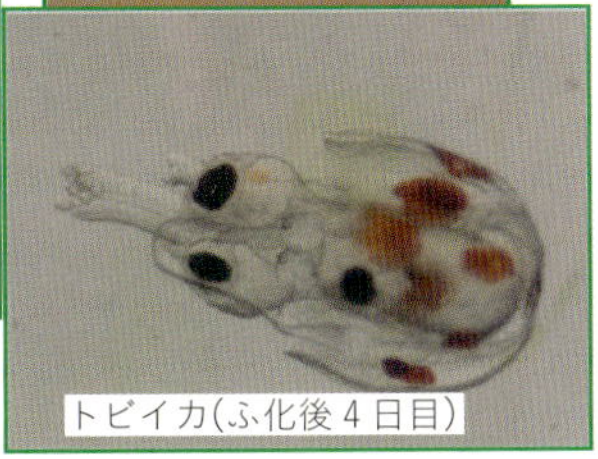

開洋丸での人工ふ化により生まれた外洋性スルメイカ類
(撮影／ダーママモニ・ビジャイ)

の産卵可能海域の特定に極めて重要な情報と言えます。

　スルメイカの飼育中に観察された行動の中から、ユニークなものをご紹介します。それは、「産卵直前のメスは必ず水槽の底に「座る」ということです（P158）。15トン水槽では、産卵前日から水槽の底に座る行動をとり始め、産卵の数時間前までは水槽の底に静止して、外套を盛んに膨らませたり縮めたりして、ネオンサインのように体色を変化させています。おそらく、卵塊を包む包卵腺ゼリーなどの分泌の準備をしているのでしょう。

　もしこの行動が実際の産卵場でも起きているとすれば、スルメイカの産卵場は、イカが座ることのできる（傾斜の緩やかな）大陸棚およびその斜面域などの海底がある場所に限られることになります。スルメイカの主な産卵場とされる日本海南西部や東シナ海では、産卵前後の個体が、大陸棚から斜面域で底曳きトロールなどにより漁獲されており、その水深はおよそ100～500メートルとされています。

　以上のことから、産卵場の海域の物理環境条件は以下のように考えられます。
①水深100～500メートルの大陸棚および大陸棚斜面上の表層暖水内で、水温が18℃以上24℃未満（とりわけ19・5～23℃）の海域
②発達した季節的水温（密度）躍層がある
　つまり、18℃以下の冷水域や24℃以上の亜熱帯水域は適さず、表層水温は適水温範囲で

あっても、水深が数千メートルとなる日本海の海盆や太平洋沖合域は産卵場にならないことになります。

産卵に適した海

生まれてしばらくの小さなイカは魚たちの格好の餌ですが、成長したイカは自分の胴体ほどの長さの魚を餌にできます。このように、食べられる側から食べる側に変身するイカ類は、海洋生態系の植物・動物プランクトンから大型魚や海鳥・クジラなどをつなぐ食物連鎖（網）の中で重要な役割を担っています。このような生物をキーストーン（鍵）種と呼びます。

さらに、ある年に親イカがたくさんいたとしても、海の環境が悪く、生まれたイカの子どもたちが極端に減ってしまう場合や、親が少なく

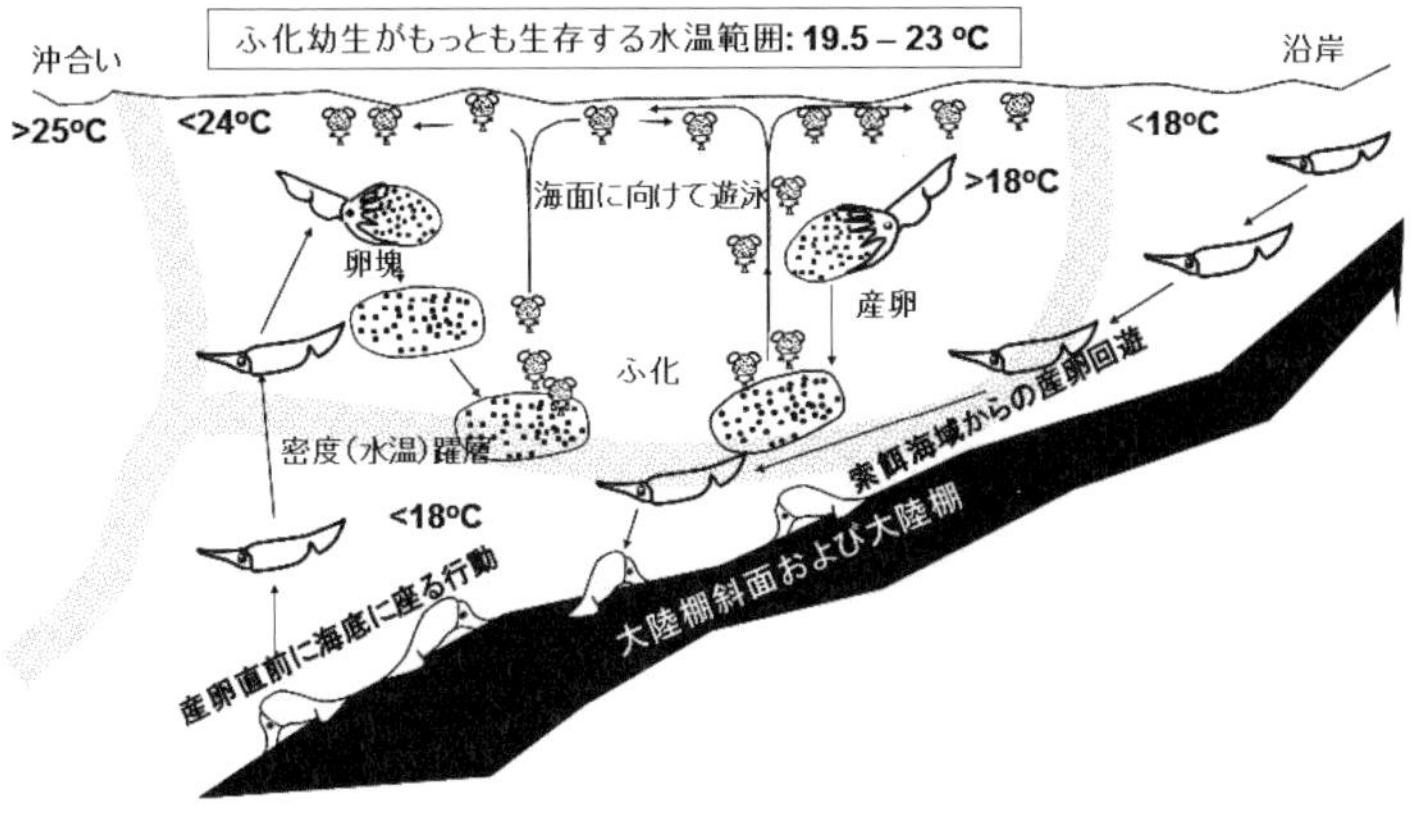

スルメイカの産卵に適した環境。ふ化幼生が最も活発に遊泳できる水温範囲（19.5 ～ 23℃）とふ化幼生が表層で生存できる水温範囲（18℃以上 24℃未満）が条件
（Sakurai et al, 2013 から）

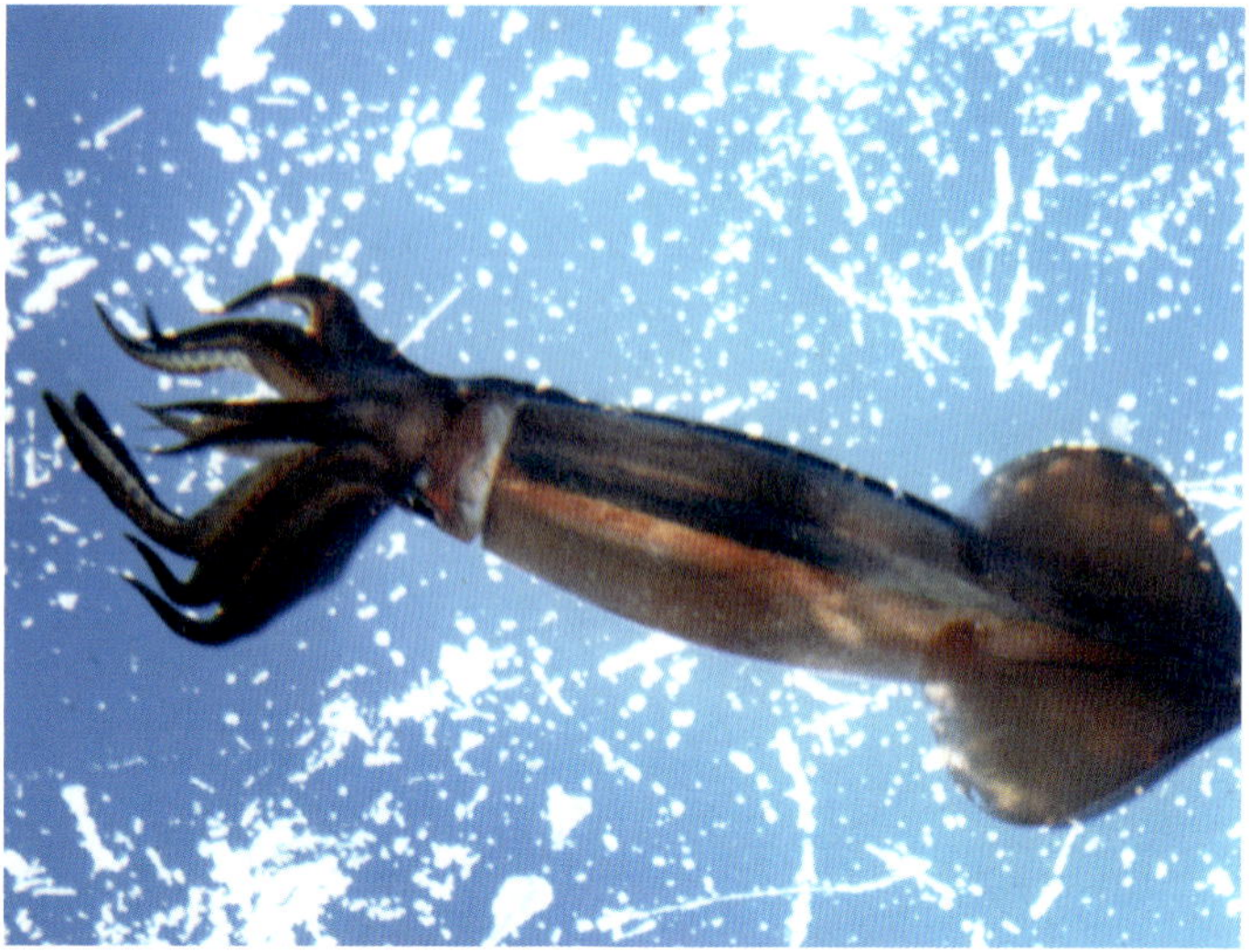

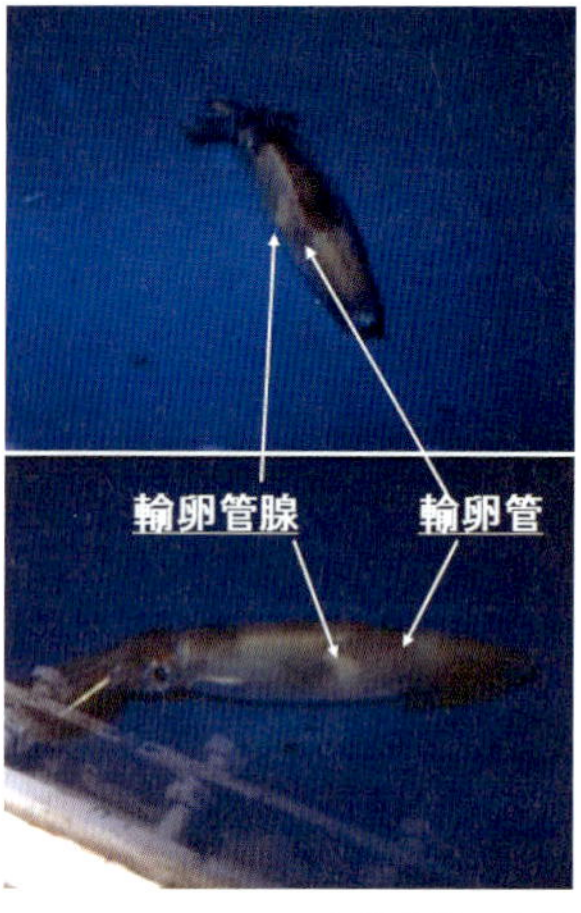

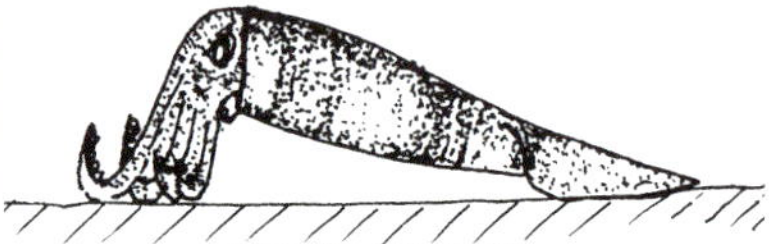

底に座った状態

産卵直前に水槽の底に座るスルメイカのメス

ても生育条件がよければたくさんの子どもが生き残れる場合もあるなど、イカは気候変化に伴う海の環境変化に敏感に反応する「環境変化の指標種」と言えます。

私たちは30年かかって、ようやく次のような産卵仮説にたどりつくことができました。

「スルメイカのふ化幼生が最も生存できる産卵海域は、水深が100～500メートルの大陸棚から大陸棚斜面上の表層暖水内であり、その水温範囲は18℃以上24℃未満、特に19・5～23℃の範囲である」

この産卵仮説の完成によって、水温と海底地形だけで、スルメイカの産卵可能な場所が推測できるようになりました。例えば、ある年ある日の人工衛星による海面水温画像や、気象庁などが公表している月や旬別の平均水温分布図があれば、これに日本周辺の海底地形の100～500メートルの海域図を重ねて、水温19・5～23℃の場所に色を塗れば、スルメイカの産卵可能海域を描くことができます。

正確には、表面水温が適していても、中層に水温躍層がないと卵塊は海底まで沈んで壊れてしまう可能性があります。しかし、スルメイカの秋・冬生まれ群の産卵場になりそうな対馬海峡周辺の日本海南西部や東シナ海の大陸棚から大陸棚斜面には、ほぼ100％の確率で水温躍層が存在しています。また、日本海区水産研究所の後藤常夫さんと木所英昭さん、北海道区水産研究所の森賢さん（現・水産庁）、そして北海道大学の山本潤さん、ジョン・バウアさんの研究により、ふ化直後のスルメイカ幼生の出現海域の水温範囲は、予想海域の水温範囲とほぼ一致することが実証されています。

メスはいつメスになるか

30年かけてほぼ完成した産卵仮説を強化するためには、スルメイカの成熟したメスが、実際に19・5〜23℃の水温を選ぶのかどうかを証明しなければなりません。そして、日本を一周する大回遊の中で、どのような水温条件の中で成長し、成熟するのか、また雌雄で成熟に適した水温は異なるのかなどを検証する必要があります。

スルメイカはその生活史で、成長期は比較的低温の北の海で餌をとり、生殖器官の成熟が始まると、より高温の南の産卵海域へと移動します。日本海区水産研究所の木所さんは、15℃以下の海域では未熟で、それ以上になると成熟が進み、18℃以上の海域に産卵直前のメスがいることを明らかにしています。

それでは、この成長から成熟への切り替えは何が引き金なのでしょうか。メスの成熟の指標となるのは、卵巣中の卵にどれぐらい卵黄が蓄積されているかです。飼育実験では、その蓄積の度合いが、オスによる交接の時期と一致していました。

琉球大学の池田譲さんは北大大学院当時、未熟なメスをオスから隔離して飼育しても成熟するのかどうかを確かめる実験を行いました。オスは、触腕以外の8本の腕の腹側の右第4腕（生殖腕）の先端の形状がメスとは異なっています。しかし、水から揚げた個体を観察しようとすると、イカは元気に腕を振り回し、下手をすると硬いカラストンビで指の肉を噛み切られてしまいます。

そこで効果を発揮したのが氷温麻酔です。この方法は、給餌の実験の際に発見しました。餌の実験では、生きたイカの最初のサイズを測定し、個体識別のために標識を取り付け、毎日の餌の量とそれによる成長量を個体ごとに出す必要がありました。

マイナス1℃から0℃の海水に、15〜20℃で飼育しているイカを直接入れると、底に座って動かなくなります。こうすると、取り上げて強制的に外套内の海水を抜いて体重を計ったり、標識を付けたり、生殖腕を見て性判別をすることができます。これまでの実験では、6時間程度この状態にしておいても、再び平常水温の水槽に戻すとすぐに泳ぎ始めます。

さて話題を戻すと、メスを隔離しても、卵巣卵の卵黄形成が進行することがわかりました。つまり、これまで言われてきたようなオスの交接がメスの成熟を促進するという説は否定され、成熟の引き金となる環境要因や生理的変化は不明のままでした。そこで、次は未熟な段階から、異なる一定水温（12〜23℃の範囲）で飼育し、その成長と成熟の関係を調べることになりました。

12℃以下の一定の飼育水温条件では餌を食べず、数週間以内に弱って死んでしまうことがわかりました。これまでの飼育実験では、23℃以上でスルメイカを飼育すると、こちらも1日もしないうちに死んでしまいます。高水温により体内エネルギーの消費が進むため、呼吸による酸素の取り込みが追いつかず、消耗して死んでしまうと考えられます。これは、イカの「熱射病」とも言えます。

生存に適さない水温範囲を日本周辺の水温分布図に書き込むと、スルメイカの索餌期における生息域が推定できます。ただし、漁獲

海水氷（0℃以下）での氷温麻酔

2℃以下での氷温麻酔

氷温麻酔後の生物測定と標識装着

氷温海水＋酸素封入パックでの保存

スルメイカの氷温麻酔

可能な大きさのスルメイカは、日中は100メートルよりも深い薄暗い水深にいて、夜間は50メートルよりも浅い表層へと毎日移動しています。つまり一日の間に、時には5℃以下の冷たい場所から、夜間は12~23℃までの温かい表層に移動します。木所さんは、日本周辺のイカ釣り漁船が操業する海域の水温は、スルメイカが最も長く生息する水深50メートルで見ると、およそ11~12℃以上であることを報告しており、飼育下での生存可能な下限水温と一致しています。

以上のことから、日本周辺の海面水温情報だけでも、産卵可能海域と索餌期の生息可能海域が推定できることになります。

成熟過程を調べる

それでは、生存できる水温範囲にいた成長期のスルメイカは、なぜ成長期には低い水温の北方の索餌海域まで回遊し、成熟が始まると次第に南の高い水温の産卵海域へと回遊するのでしょうか。

修士学生であった三森明人君（現・川崎汽船）と学位を取得したソン・ヘジンさん（現・愛媛大学）は、外套（胴）長18センチほどの未熟なスルメイカを13、15、17、19℃の一定水温で約1~2カ月間飼育しました。この飼育実験は、私たちが所有する15トンと10トンの飼育水槽で行いました。

実験に用いるイカは、毎年7月中旬から下旬に採集され、同じサイズで雌雄とも未熟であるという条件をそろえなければなりません。しかし、飼育実験に使える水槽は2つしかなく、一定水温での実験は1年に2セットしかできません。水温は12℃から19℃の間で5段階設定しました。そのため、同じ水温での追試飼育を含めて、結果を得るまでに4年間もかかっています。

イカ類の頭部にある平衡石に、日周輪と呼ばれる1日1本の輪紋ができることはすでに紹介しました。この飼育実験では、前述の氷温麻酔によって、飼育開始の日に個体ごとに外套長、体重を計測し、個体を識別するためにヒレの部分に色の違う細いリボン状の標識をつけ、さらにペン（軟甲）の成長部分である胴体付け根の組織にコンゴレッドという赤い染色を施しました。

それぞれの一定水温の飼育実験では、50個体以上のイカに餌を与え、どの個体が1日にどれだけ食べたかを記録するという大変な作業をしなければなりません。餌は、冷凍サンマを解凍して3枚におろし、身の部分を短冊状に切って一つずつ重さを量り、それをどのイカが食べたかを記録します。つまり、1個体ずつの食事の履歴をつくるのです。さらに、精巣と卵巣の発達具合、成熟したオスがメスに精子の入ったカプセル（精包）を渡す交接行動の有無などを個体ごとに記録します。メスは、成熟すると卵巣から輸卵管に完熟卵を排卵して、その部分が次第に膨らんできます。

そして、1カ月から2カ月近くに及ぶ実験終了後には、全個体を取り上げて、どれだけ成長・成熟したかを精密に測定します。次に、胴体内部のペンを壊れないように取り出し、実験のはじめに染色しておいたペンに刻まれた毎日の成長輪紋の幅を顕微鏡で調べます。すると、ペンには毎日1本の成長輪が観察でき、その長さから、それぞれの日の成長の様子がわかりました。

魚類を含めて、毎日の摂餌と成長・成熟の関係をこのような実験から検証した研究はおそらくないでしょう。

北から南へ

これらの実験結果から得られた成果の概要をご覧ください。オスとメスに分けて、水温と成熟の関係を示しました。

スルメイカは、13℃以上でなければ摂餌せず成長しません。13℃の一定水温では、オスの精巣は次第に成長しながら発達しますが、メスの卵巣は未熟のままで、体の成長だけが進みます。

次に15～17℃では、オスは精巣でできた精子を精包に収める付属腺が発達し、交接行動を活発に行います。しかし、未熟なオスをいきなり19℃で飼育しても、付属腺は発達しません。オスの精巣と付属腺の発達には低水温の状態が必要だと言えます。

一方、メスは15℃以上では卵巣が発達して、輸卵管腺への完熟卵の蓄積、卵塊の表面の膜を作る包卵腺もどんどん発達していきます。そして前述したように、約19℃以上の高水温になると産卵します。

これらの実験結果から、資源量の多い秋・冬生まれ群を例に、実際の海での動きを整理すると、以下のようになります。

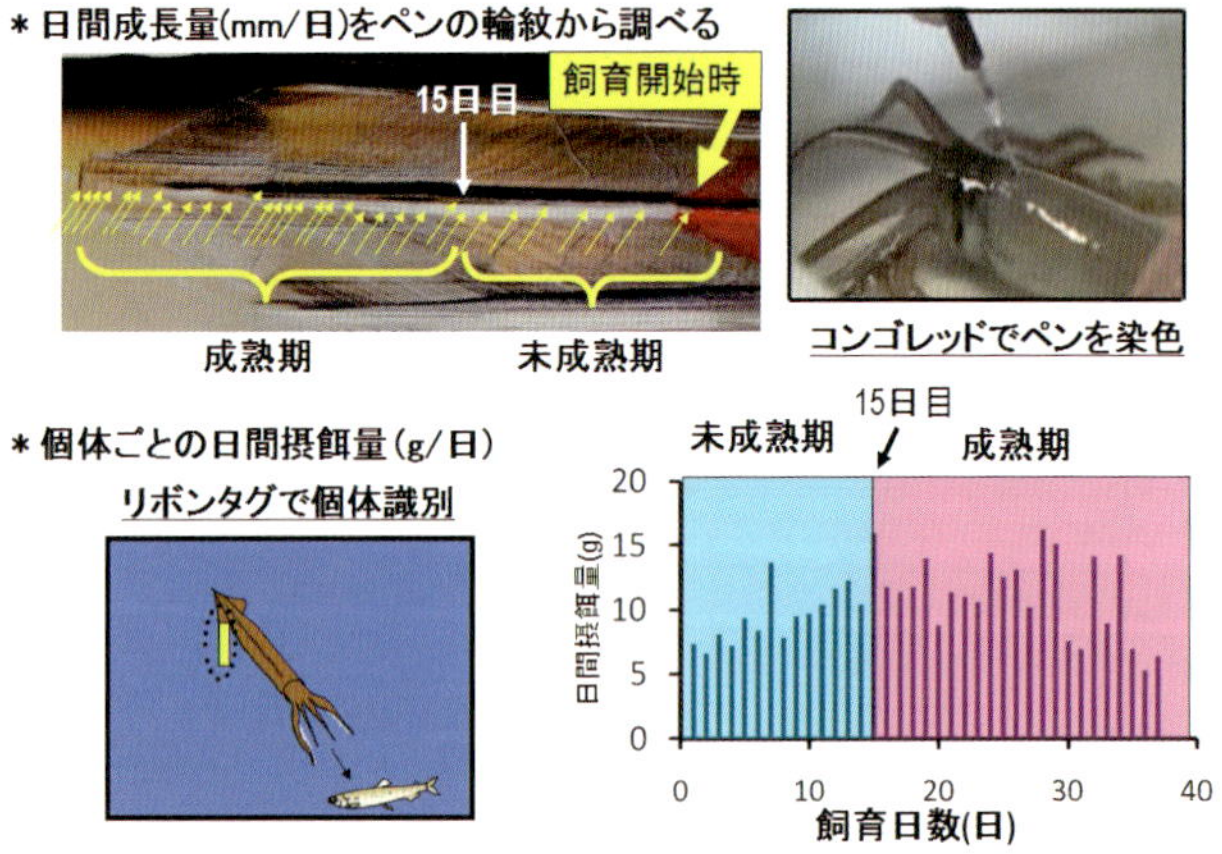

異なる一定水温条件（12℃、13℃、15℃、17℃、19℃）での未成熟期からの飼育実験。右下のグラフは、ある個体の毎日の摂取量を示す
（三森明人：北海道大学修士論文〈2009〉から）

南の海で生まれたスルメイカの子どもたちは暖流に乗って北上します。索餌・成長期には、海面水温が13～15℃の日本海の沖合域や北部日本海で過ごし、さらに一部のイカは太平洋側へも向かいます。道東やオホーツク海などの亜寒帯海域は水温が低く、餌となる大型動物プランクトンや小型魚類が多いのが特徴です。スルメイカはここで大型のイカに成長し、水温が下がり始める秋には、産卵に適した温かい海を求めて、南下する寒流とともに南へ下り始めます。

このころオスは、索餌海域の中でも少し水温が高い海域で完熟（生殖器官が完全に成熟すること）し、まだ成熟途中のメスに交接行動を行います。摂餌行動に

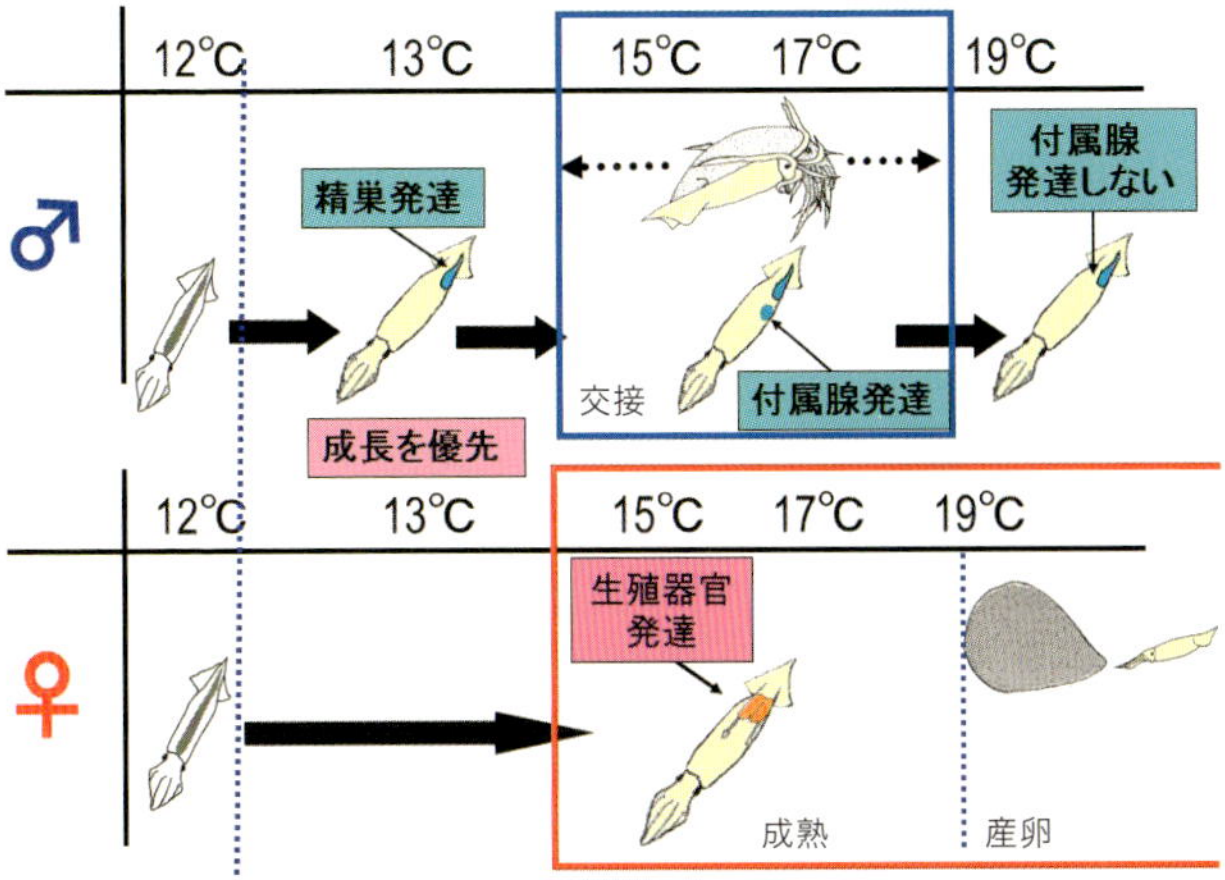

異なる一定水温条件での成長と成熟。オスは低水温から成熟し、メスはより高水温になってから成熟する（作図／三森明人）

加えて、結婚相手のメス探しと交接行動にエネルギーを費やすことになるため、オスの成長から成熟への切り替えは、メスより早い時期に行われます。

一方メスは、次第により高い水温の海へ移動しながら、産卵に必要なエネルギーを摂餌によって蓄える必要があります。そして、さらに水温の高い産卵海域へと回遊し、その過程で一気に完熟状態となり、産卵を終えると死ぬと考えられます。

このように、雌雄間では、摂餌に伴う成長と、成熟までの体内でのエネルギー配分に明らかな違いがあるものの、成長期にはより水温の低い海を好み、産卵期にはより水温の高い海を好む理由を明ら

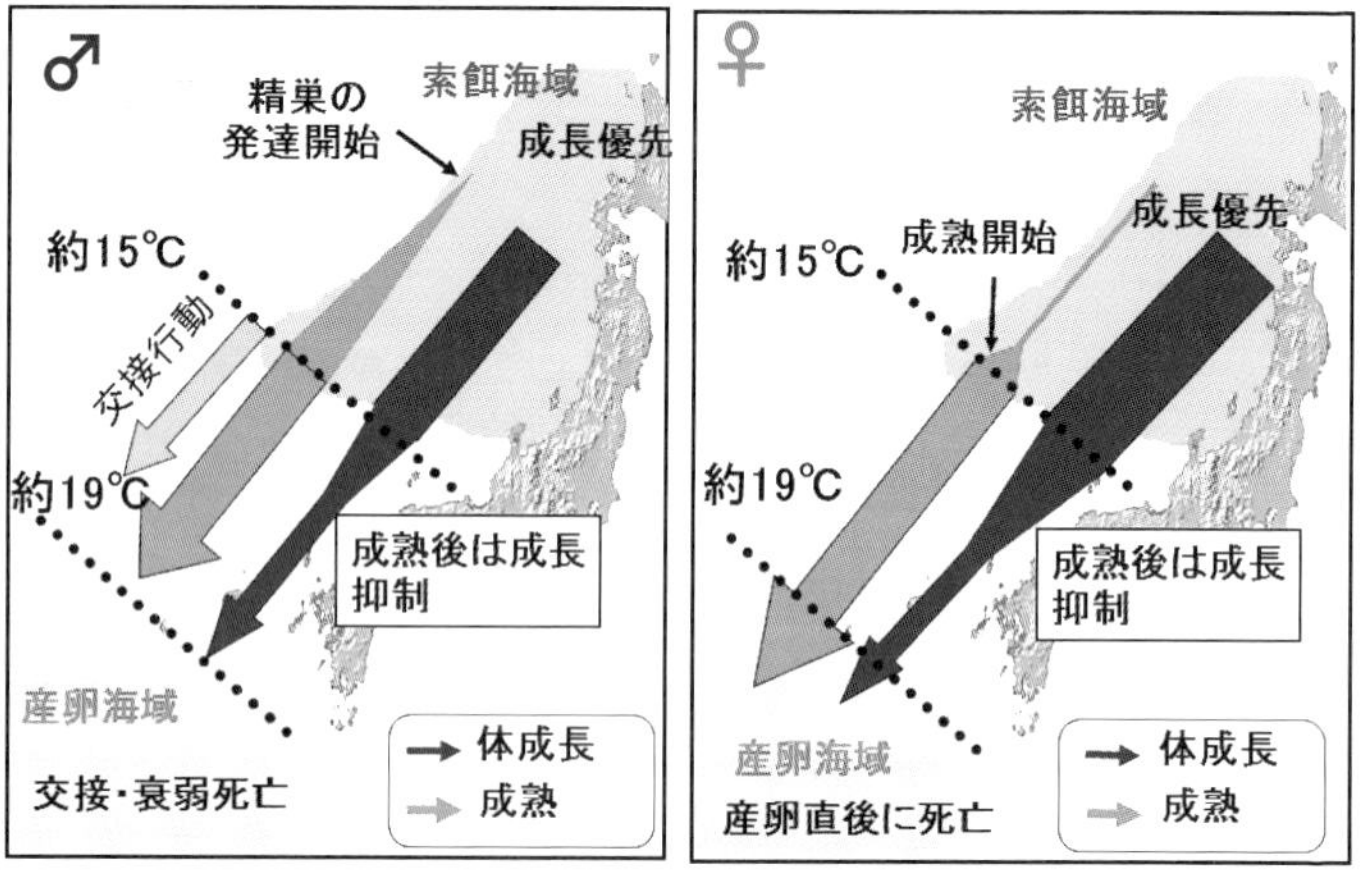

北の索餌海域から産卵海域への南下のプロセス。
オスは南下の早い時期から成熟し、15℃以上で交接を始める。
メスは15℃以上で成熟し、19℃以上の海域で成熟卵を蓄え、産卵後に死ぬ
（作図／三森明人）

かにできました。

浮かぶ卵塊

２０１４年6月に開設した函館市国際水産・海洋総合研究センターの大型水槽では、スルメイカの群泳の様子を再現しています。容量３００トンのこの大型水槽を使って、これまで15トンの水槽でしかできなかった交接・産卵行動や卵塊の様子、さらにはふ化幼生の最初の餌探しをすることになりました。30年以上続けてきたスルメイカの飼育研究で、私が夢にまで見た大型水槽での飼育実験です。

昭和60年代の青森県営浅虫水族館でのスルメイカの飼育展示の時は、いかにして生きたスルメイカの美しさを見てもらうかがテーマで、研究にははるかに遠い世界でした。30年かけて完成させたスルメイカの産卵仮説を、２０１４年9月から、今度はこの大型水槽で再検証することになりました。

すでに、飼育水温を制御することによって、自在にオスの成熟と交接、メスの成熟と排卵、そして産卵可能な水温環境を再現できるようになっています。この研究は、前述したインドからの留学生ビジャイ君の奥さん、パンディ・プニータさんの学位論文研究としてスタートしました。

ここでは水族館の展示水槽と違い、イカが安定する薄暗い照明で実験できます。この水槽には大きな観察用のアクリル窓がありますので、一般の方も自由に見学できます。ただし、観察実験優先ですので、時にはアクリル面に覆いをして、隙間から見ていただくこともありました。

200トンの海水を入れた水槽で、交接後のメスを11個体ほどにして観察を続けました。その結果、11個体のメスが、18個のまったく壊れていない丸い透明な卵塊を産卵したのです。15トン水槽での30年間の実験では、たった3度しか完全な卵塊を水槽に残すことができなかった私にとっては、まさに

函館市国際水産・海洋総合研究センターの大型水槽で実現したスルメイカの群泳（撮影／ユ・ヘギョン）

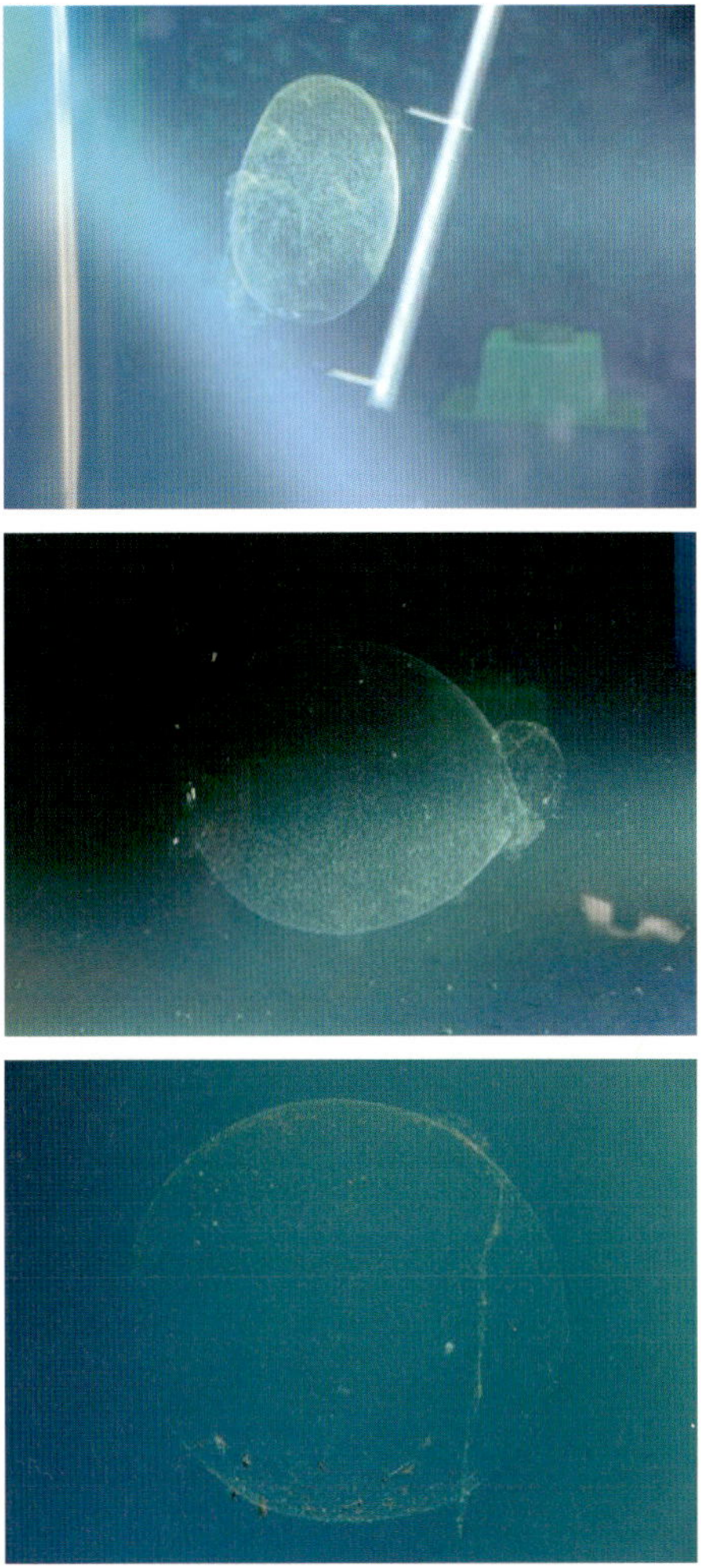

大型水槽に浮かぶスルメイカの卵塊。形がはっきり見える
（撮影／ユ・ヘギョン）

夢の世界です。

卵塊の大きさは直径17センチから80センチで、卵塊内の推定卵数は約4万から20万個です。産卵行動の最初から、最後にメスが卵塊から離れるまでの撮影にも成功しました。

前述した二人は、ほぼ24時間体制で約3週間、交替で産卵行動の瞬間を観察していましたが、水槽が大きく、暗くて見えにくいため、卵塊を発見するのはいつも産み終わったあとでした。

ある日の午前11時ごろ、たまたま時間がとれた私も、観察窓の前に陣取りました。すると、眼の前で2個体のメスが互いに威嚇しあっています。やがて一方のメスが産卵を始めました。この様子は、2台のビデオカメラにより、今までで一番鮮明に記録できました。

しかし、腕の中の卵塊はまったく見えません。いずれ、画像解析の専門家の協力を得て、卵塊を膨らませる様子の画像解析に挑戦したいと思います。

そのほか、メスは産卵直前まで摂餌すること、意外にも水槽の底には座らないこともわかりました。しかし、一度大きな卵塊を産卵したメスは、数日後に死にます。産卵場では、産卵前後のイカが大陸棚の海底から採集されていますが、必ずしもすべてのメスが座るわけではないようです。

小さな卵塊を産んだメスは、その直後から餌を食べ、数日後に再び大きな卵塊を産んで死にました。体内には完熟卵はまったく残っていません。これにより、スルメイカは一年という短い一生で、最後に大きな卵塊に命を託して死ぬことが明らかになりました。

卵塊内の発生卵は、一定の間隔を空けて整然と収まっています。これはおそらく、包卵腺由来の網目状の各スペースに収まっているからでしょう。前述したように、木村茂東京水産大学名誉教授は、卵塊内にも包卵腺由来のゼリー物質があり、それが一個一個の卵を小さな部屋に収めていると推定しましたが、その説は正しいようです。

では、卵塊が中層の水温躍層に滞留すると卵塊は壊れず正常に卵発生してふ化が起きる一方、海底に沈むと壊れて中の発生卵は全滅するという仮説についてはどうでしょうか。

水深4・5メートルの大型水槽で、3メートル付近より上層を22〜23℃の産卵適水温とし、その下層が17℃という水温躍層にします。これには、温かい水が浮き、冷たい水が沈むという原理を応用しました。中層の少し上の部分から温かい海水を反時計回りに循環させ表面から排水し、中層の少し下からは時計回りに冷海水を循環させて水槽の底から排水することによって、この水温躍層を再現することができました。こうした水温躍層の大型水槽での再現も、世界で初めてです。

この水槽では4個の卵塊が産卵されました。産卵仮説の通り、卵塊は水温躍層付近に浮かび、決して水槽底には沈みません。

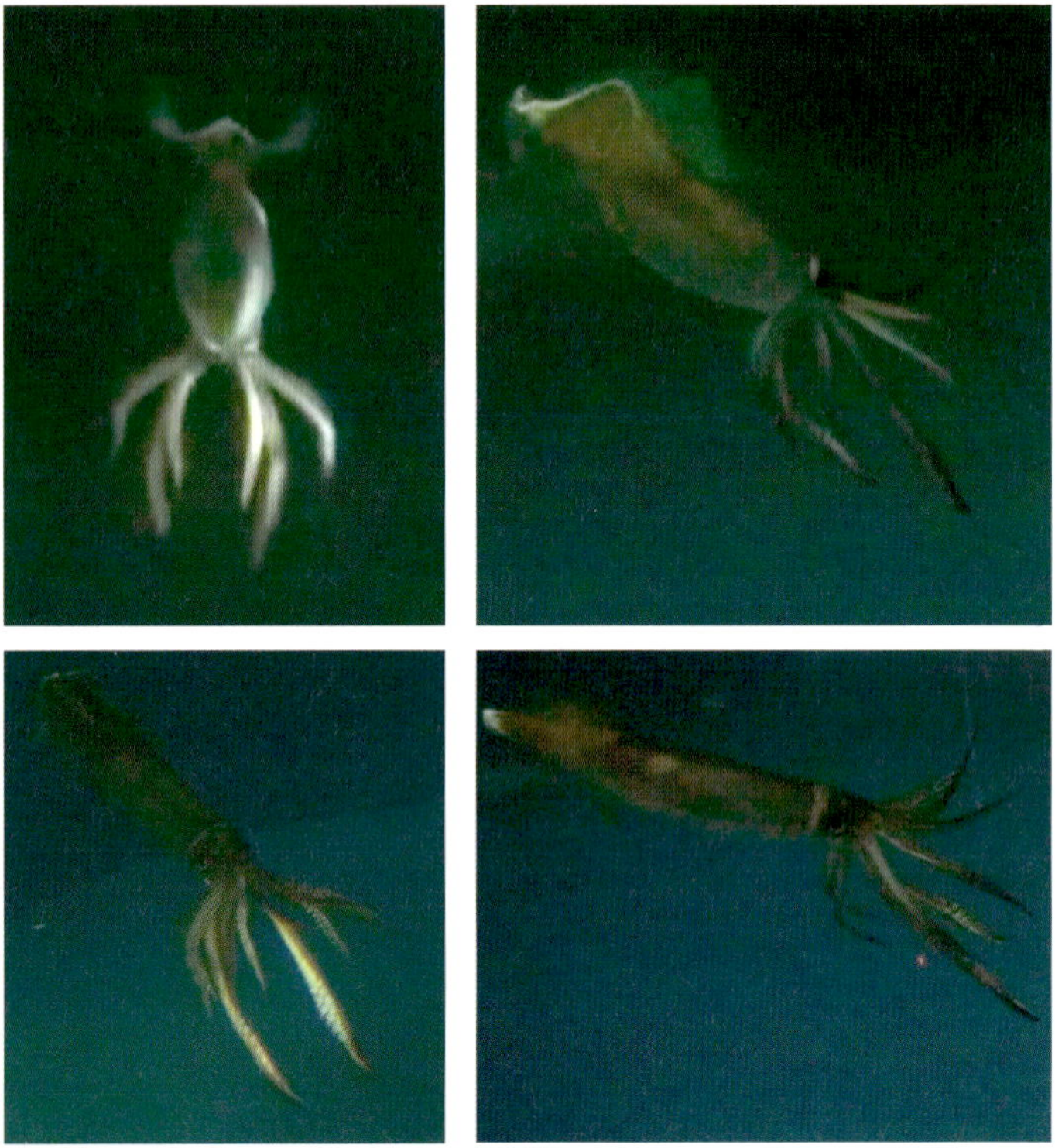

大型水槽での産卵

メスは産卵後数日以内に死ぬ。完全に産卵を終えたメスの輸卵管には
完熟卵がほとんど残っていない

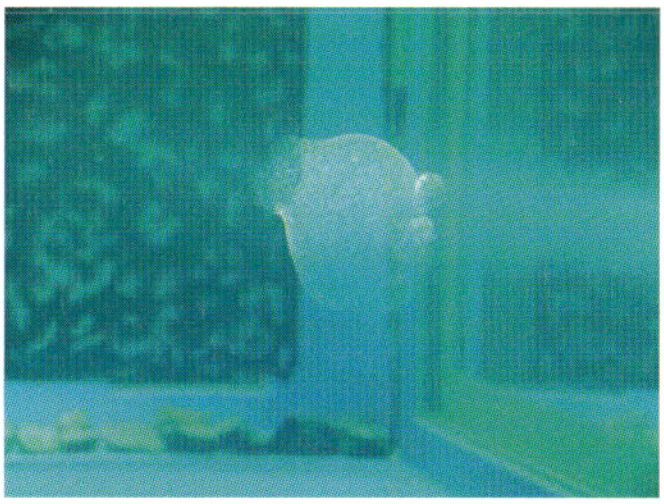

産卵された卵塊は、中層に作られた
水温躍層にとどまっている

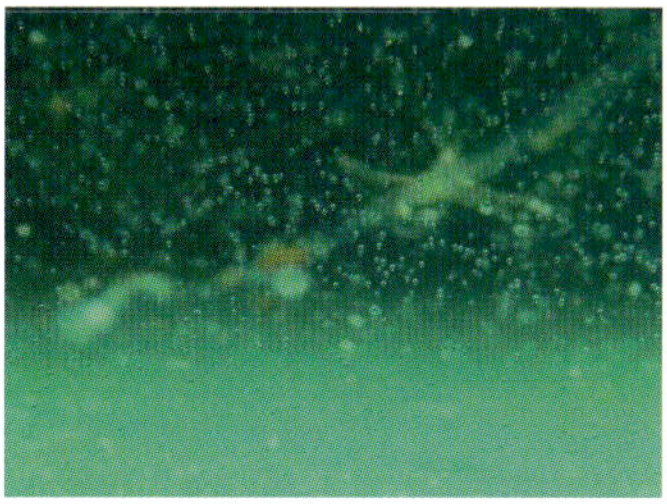

卵塊中の発生卵は、一定間隔で規則的に
分散している

水槽の底に沈んだ卵塊は次第に壊れていき、卵塊内の発生卵は
すべて死んだ（撮影／ユ・ヘギョン）

次に、躍層をなくして水槽全体を22～23℃の均一な海水条件にしたところ、すべての卵塊が水槽底に沈んでしまいました。その後も観察を続けると、卵塊は次第に崩壊していき、透明で丸い形ではなくなり、すべての発生卵はふ化前に死んでしまうことがわかりました。この実験によって、スルメイカの卵塊は水温躍層より上の表層に滞留しなければ、正常にふ化しないことがあらためて検証できました。

世界初！　ふ化幼生が10日間生存

そこで、15トン水槽で試したのと同じように、卵塊を目合いの細かな刺し網で包み、中層に保持することにしました（P178）。これは15トン水槽の時とは違い大変な作業です。まず大型水槽の上からは、どこに卵塊があるのかわかりません。懸命に網を底に沈めて広げますが、わずかな海水の動きによりシャボン玉のように逃げてしまいます。前に触れたとおり、自然の海で、どんなネットを使っても採集できないのはこうした性状のためです。

それでも、どうにか収容することができました。そして、アクリルの観察窓から中の卵発生の様子や、卵塊から幼生がふ化する瞬間を観察しました。

21・5℃の飼育水温では、5日後に卵塊から離脱しました。そのふ化幼生の発達ステージは30―31でした（P145参照）。人工授精ではもっと若い発達段階で卵からふ化してしまいます。これは、シャーレ内で物理的刺激が加わったためであることもわかりました。

ふ化した幼生は、いっせいに水深4・5メートルの水槽の表面へと移動し、表層を泳いでいます。私たちはゴムボートを浮かべて、毎日この幼生を採集しました。これはプニータさんの夫のビジャイさんの仕事でした。

スルメイカの最初の餌は、マリンスノーと呼ばれる有機けんだく物や海水中の粒状物質であると推定しています。そこで、すべてのメスが産卵した後、ふ化幼生を約200トンの水槽にそのまま入れました。水槽の中には産卵後の壊れた卵塊物質も残っています。また、海洋センターの堤防の外から取水して粗く濾過した自然海水も入れました。

ここからは、ふ化幼生がどこまで生きられるかへのチャレンジです。プニータさんは、次の研究グループが大型水槽を使う直前まで観察と幼生の採集を続けました。そして、イカ類では世界で初めて、ふ化後10日間の生存に成功したのです。その大きさは全長2ミリで、ふ化時の1・2ミリから0・8ミリ成長していました。

人工授精のふ化幼生には餌を与えていないので、体内の卵黄を吸収してしまうと、それ以上は生きられません。それまでの実験では、ふ化後5日間程度がせいぜいでした。つまり、今回10日間生存したということは、間違いなくマリンスノーなどを栄養分として取り

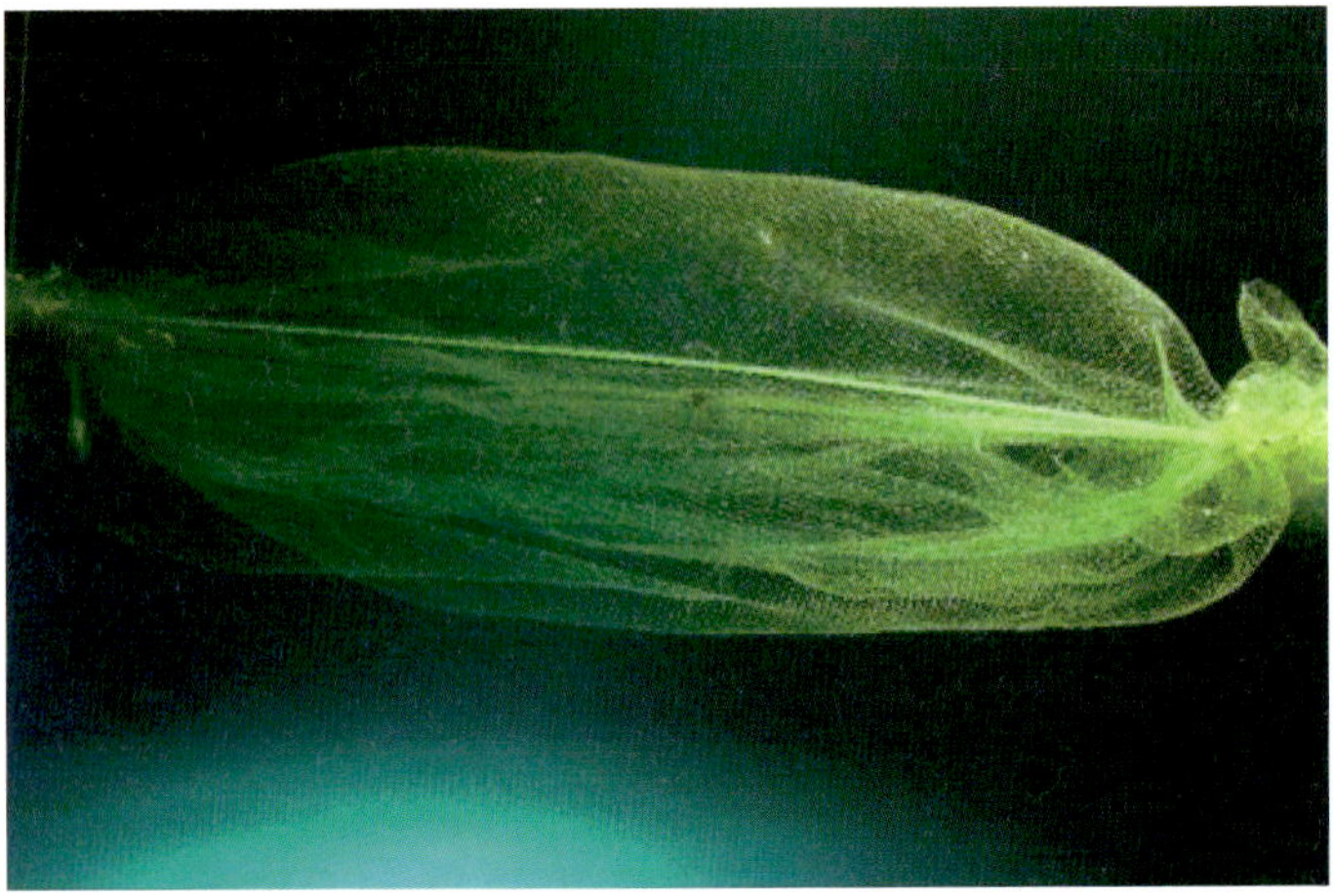

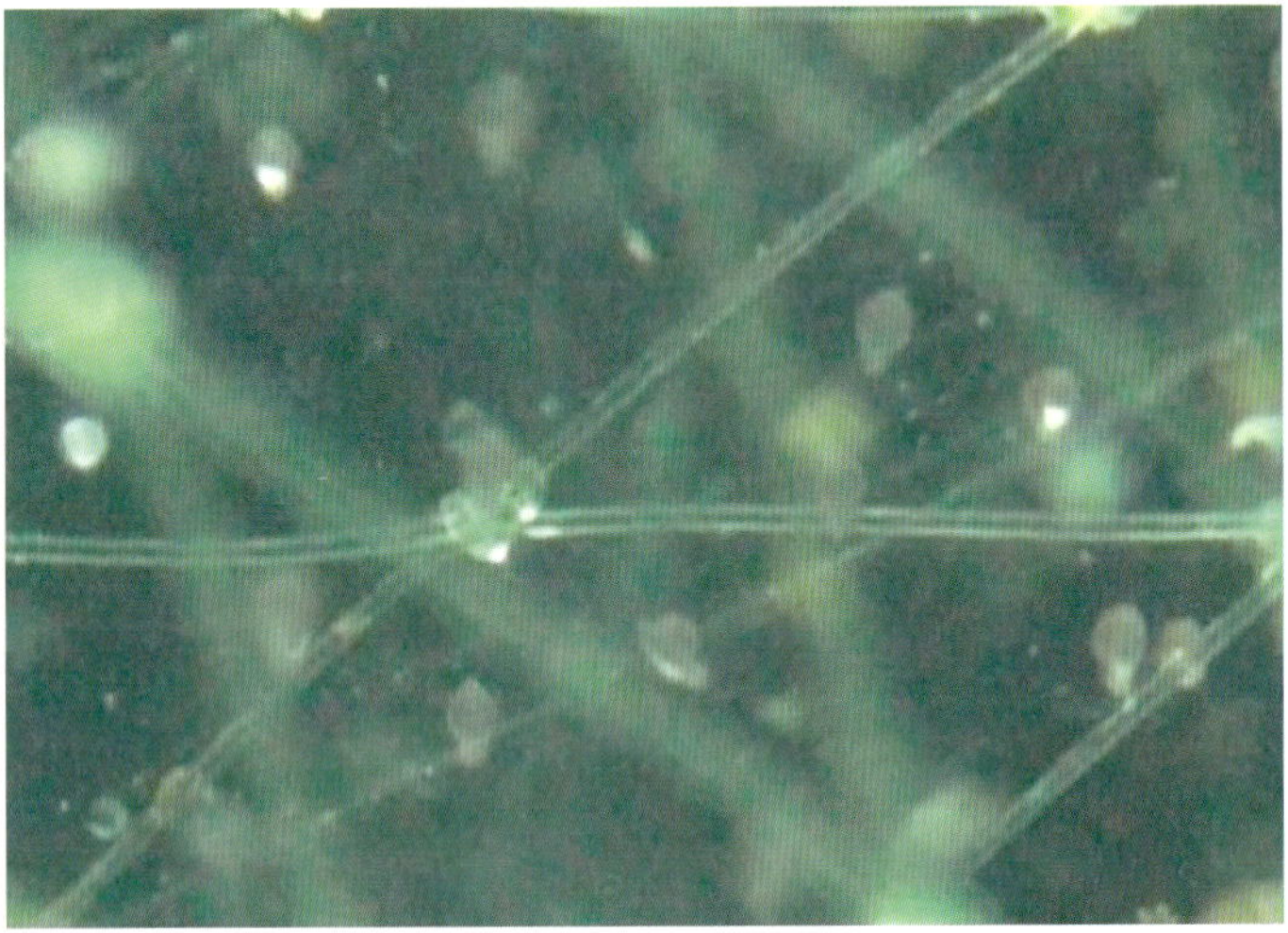

細かい目合いの網で卵塊をくるみ水槽の中層に維持すると（上写真）、卵塊膜から順次ふ化幼生が脱出し、表層へと上昇遊泳した。下写真は卵塊内の発生途中の卵。すでにイカの形になっている（撮影／パンディ・プニータ）

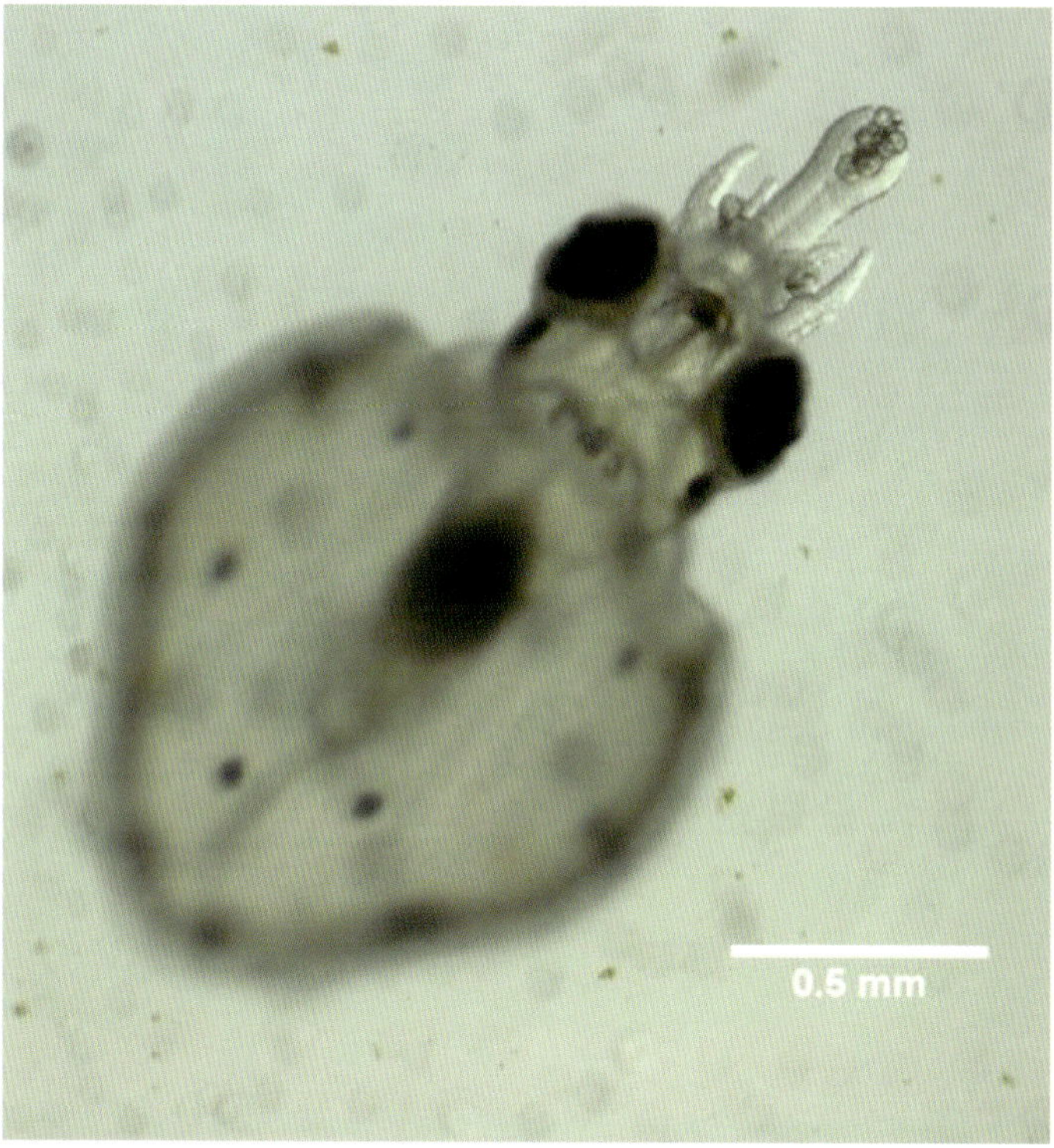

大型水槽で有機けんだく物と非生物粒状物が多い条件で
飼育された幼生（胴長1.2ミリ、全長2ミリ）。
ふ化後10日間の生存は世界初
（撮影／パンディ・プニータ）

込んでいたと考えられます。ただ、実際に何を食べていたのかを知るためには、幼生の胃の中の物質のＤＮＡ分析が必要です。

スルメイカのふ化幼生が最初に食べるのはどんな餌なのか。研究はまだまだ続きます。

第6章

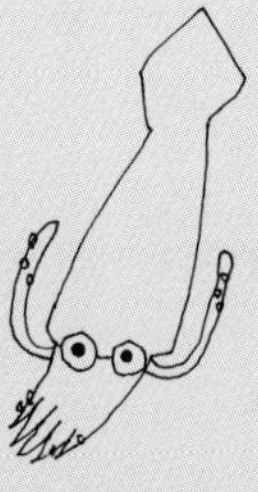

地球の未来はイカに聞け

海が冷えるとイワシが増える

序章で紹介したとおり、スルメイカの産卵群は春・夏・秋・冬に分類され、年間を通してどこかで産卵しています。ただし、主要な産卵場は、能登半島以南から対馬海峡までの日本海南西海域や、東シナ海の広大な大陸棚と斜面域であり、現在のスルメイカ資源を支えているのは「秋・冬生まれ群」です。（P9図参照）

日本周辺のイワシ類やアジ、サバ類などの増減は、わずかな水温変化を伴う寒冷ー温暖周期（レジームシフト＝海水温の低温・高温期が数十年間隔でジャンプするように変化すること）に連動した現象であることが明らかになる

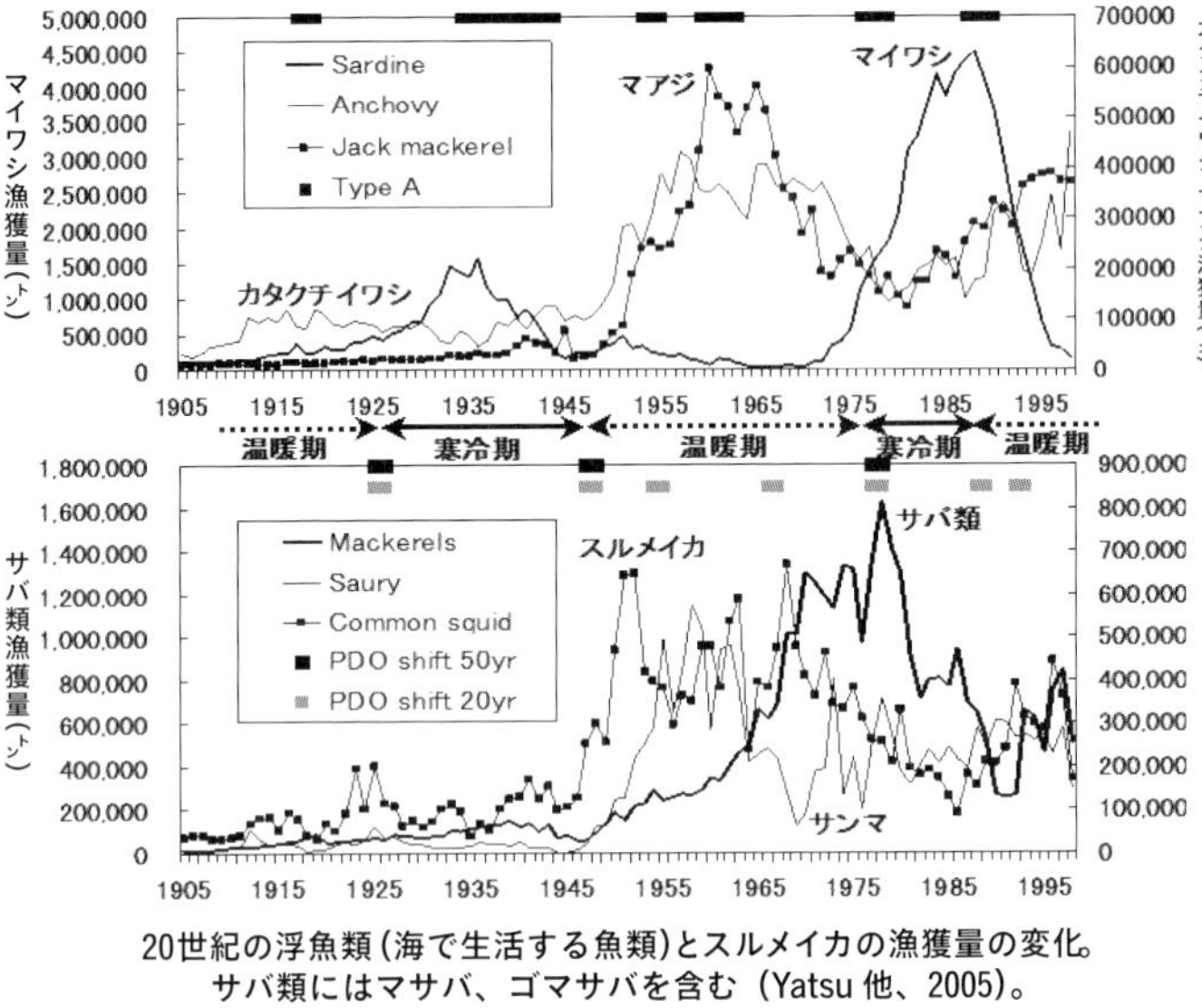

20世紀の浮魚類（海で生活する魚類）とスルメイカの漁獲量の変化。
サバ類にはマサバ、ゴマサバを含む（Yatsu 他、2005）。
図中の寒冷・温暖期は Minobe（1997）をもとに記入

とともに、海洋生物の資源変動に関する研究は、90年代から急激に増えています。その中で最も注目されたのが、中長期の気象変化と連動する海水温の寒冷・温暖のレジームシフトです。

70年以降の日本周辺海域では、海表面の平均水温がわずか1～2℃ほど下がった70年代半ばから80年代末までの寒冷期にマイワシが爆発的に増えました。90年代から現在までは水温が1～2℃上がった温暖期にあり、マイワシは激減し、それに代わってカタクチイワシ、マアジ、スルメイカなどが増えています。海水温の温暖期と寒冷期が数十年の周期性を持って現れるのであれば、次の寒冷期には再びマイワシが増えて、スルメイカが減ってしまう時期が訪れるはずです。

地球温暖化でスルメイカはどうなる？

しかし、2013年に第5次報告が公表されたIPCC（気候変動に関する政府間パネル）の温暖化予測では、21世紀中には海の水温は確実に上昇し、海氷面積の減少と海面上昇に加えて、炭酸ガスの溶け込みによる酸性化が懸念されています。私たちは否応なく、温暖化を視野に入れた海洋生態系の変化を予測する研究に踏み込まざるをえない状況に置かれています。温暖期には資源が増えるはずのスルメイカも、これ以上海水温が上昇しつづけるとしたら、その運命はどうなるのでしょうか。

21世紀の温暖化は、数十万年の長い時間スケールではなく、わずか100年で2～6℃も海面水温が上昇すると予測されています。海洋中の多様な生物には、急激な環境変化に適応して生き残るための時間的猶予が全くありません。成長した魚やイカは、自らに適した水温などの環境条件を選ぶことができますが、生まれたばかりの卵や稚仔はそうはいきません。そのため、わずかな環境の変化が、生き残りに致命的な打撃を与えます。

東大の青木一郎名誉教授、中央水産研究所の高須賀明典博士らは、日本周辺で過去数十年間にわたって採集された膨大な浮魚類（イワシ類、サバ類、サンマなど、海の表面近くで生活する魚）の卵と仔稚魚（成魚と同じ形になる前の小魚）の出現する水温を調べ、マイワシの仔稚魚は約16℃、カタクチイワシは約22℃で最もよく成長することを発見しています。また私たちも、これまでのスルメイカの生活史と生態研究から、スルメイカの産卵、卵発生とふ化幼生に適した水温が18℃以上24℃未満（最適は19・5～23℃）であることを発見しました。

これによって、70年代後半から80年代末までの北太平洋の水温が低かった寒冷期にマイワシが爆発的に増加し、90年以降の温暖期になると、マイワシは激減してカタクチイワシやスルメイカが増加した現象が説明できます。今後、アジやサバ類でも同様の研究が進み、飼育実験による卵、稚仔の生存可能な水温などの環境条件がわかれば、日本周辺や世界中の浮魚類の魚種交替や、温暖化に伴う海の生物の資源変動メカニズムを解明できるかもしれません。

産卵場所を「読む」

第5章で解説したスルメイカの産卵海域が、季節によってどのように移動しているのか、またその範囲が広がっているのか、あるいは縮小して産卵場が寸断されていないかなどは、日本周辺の海面水温の分布図さえあればマッピングできるようになりました。産卵場が縮小していたり、季節による産卵場の移動が寸断される年が続く場合には、スルメイカ資源が減少に向かう可能性があります。

同時に、冬の季節風の強さなどから寒冷期と温暖期の変化を予知し、その後の資源の変動を予測できるようになりました。加えて、海面水温12～23℃の海域がどのあたりに形成されるかによって、生息域の季節変化を知ることができます。これに、標識放流の放流地点と採集地点のデータや、南下回遊時のイカ釣り漁船の漁場位置などから索餌・産卵回遊経路の変化をつかむことによって、効率的な漁業と資源管理が可能になります。

アリューシャン低気圧が発達し、北西の冬季季節風が強い年が連続した70年代後半から

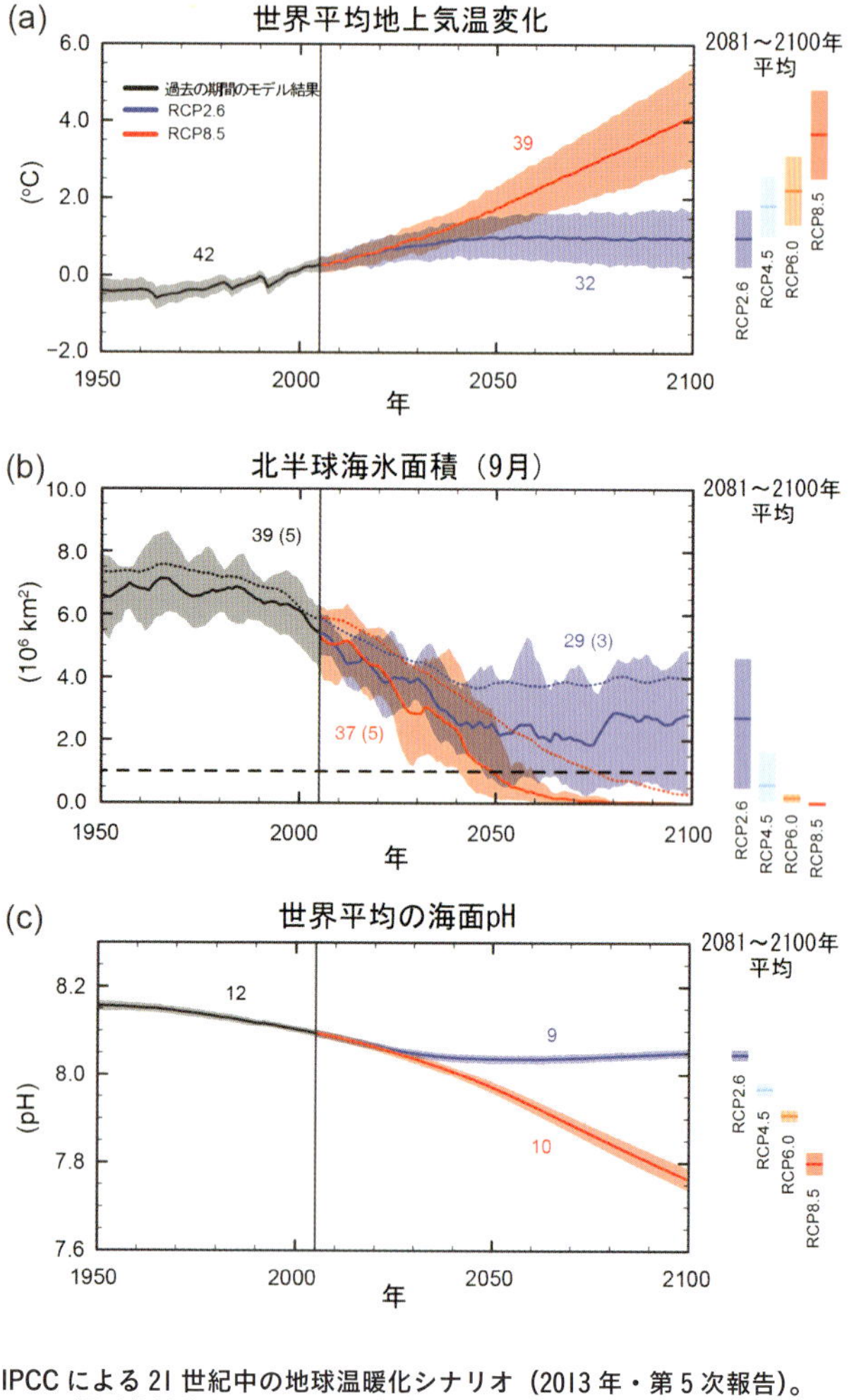

IPCC による 21 世紀中の地球温暖化シナリオ（2013 年・第 5 次報告）。
温暖化対策をしない場合（赤）とした場合（青）の推定。
（C）の pH 値は値が下がるほど酸性が強まる

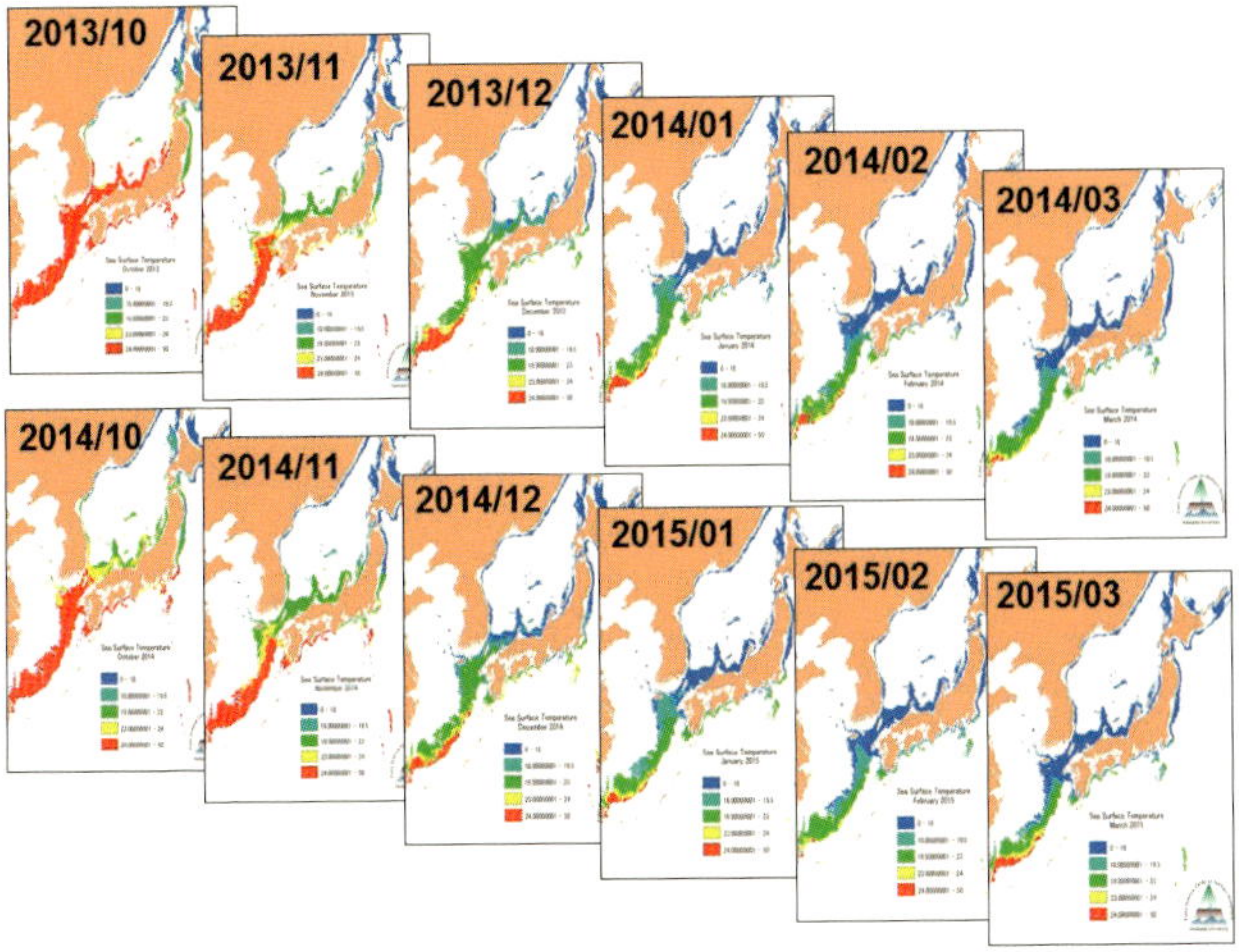

2013・14 年度の スルメイカ産卵場の変化。赤色部分は 24℃以上、青は 18℃以下で、いずれもふ化幼生の生存には適さない。黄色～緑色～水色の部分が生存可能域。2014 年 10 月の産卵場が 2000 年以降 久々に日本海南西部に復活し、早期来遊が期待された（作図／福井信一）

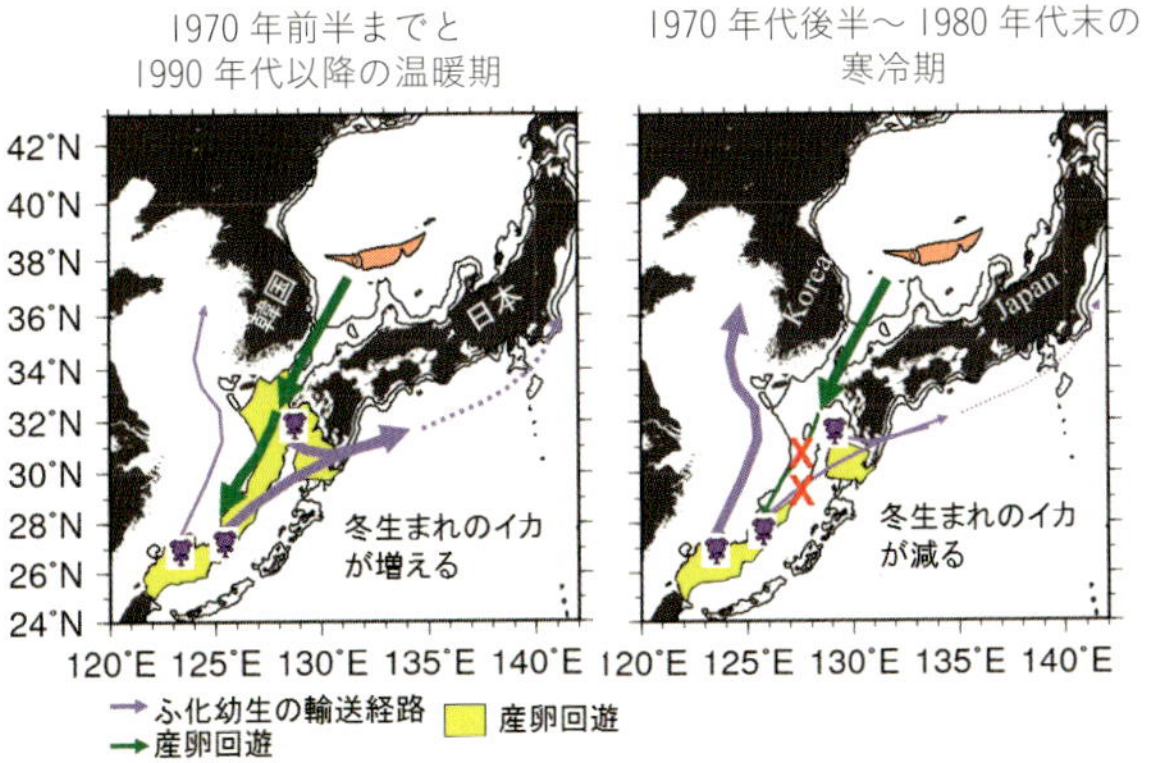

冬が寒い年代（1977 ～ 1988 年）は冬生まれ群の産卵場が寸断され、
冬が暖かい年（76 年以前と 89 年以降）は産卵場が連続する
（Rosa et al.〈2011〉から）

80年代末までの寒冷期には、秋以降にロシアから韓国沿岸にかけてリマン寒流が強く、冷水域が対馬海峡まで広がっていました。

日本海区水産研究所（日水研）の木所英昭さんは、この年代のスルメイカの標識放流の結果から、産卵のために南下する群れが山陰沿岸に移動することを明らかにしています。実際、秋生まれ群の産卵場は山陰沿岸に集中していました。

一方、冬生まれ群の東シナ海大陸棚斜面上の産卵場は、中国沿岸からの冬期の冷水の一部が、琉球諸島に沿って東シナ海を北東に向かう黒潮に引き寄せられる年が多くなり、台湾から九州までの大陸棚斜面に沿って連続するはずの産卵場が寸断されています。

こうした寒冷期が続いたことによって、冬生まれ群が激減し、結果として秋生まれ群を対象とする日本海の漁期も秋で終わっていた可能性があります。さらに注目すべき現象として、韓国の崔淅珍博士は、この年代には韓国西岸の黄海と渤海《ぼっかい》のスルメイカの漁獲量が一時的に増加していることを報告しています。おそらく、東シナ海の冬の産卵場が台湾の北側の狭い陸棚―陸棚斜面域まで広がっていたため、そこでふ化した幼生が、黄海への暖流によって運ばれていたのではないかと考えられます。

昭和から平成に元号が変わった88年から89年を、イカ研究者の世界では88／89レジームシフトと呼んでいます。寒冷期から温暖期に移行した年にあたり、89年以降は冬季季節風の勢力が弱い年が続いています。

日水研の木所さんによる標識漂流の結果によれば、70年代以前の温暖期に、産卵のために南下するスルメイカが日本海沖合を経て韓国東岸に向かっていた回遊経路は、90年代以降も同じであると推定しています。このような南下回遊をする年代には、日本海の中央にある大和碓や韓国の東海岸に、秋以降のイカ釣り漁場ができます。

一方、能登半島より南の山陰沿岸は対馬暖流の影響で水温が高くなるため、南下するイカが獲れないことになります。また、日水研の後藤常夫さん、北水研の森賢さん（現・水産庁）は、秋の日本海―対馬海峡および冬の東シナ海のスルメイカ幼生の分布が以前よりも広がっていることを明らかにしています。

温暖期の産卵場は、秋には日本海南西部（能登半島より南の山陰沿岸）―対馬海峡、冬には対馬海峡―東シナ海陸棚斜面域へと季節的に重複しながら形成されます。冬季のふ化幼生の生き残りが増加し、ふ化幼生は黒潮内側に沿って太平洋を北上します。秋―冬を通した産卵環境の好転により冬生まれ群が増え、産卵盛期は10月から2、3月まで、つまり秋―冬にかけて連続していきます。

100年後は「冬―春生まれ群」主体に？

次に、2013年のIPCCの第5次報告の温暖化予測に沿って、スルメイカの活動領域の水温（低温限界水温＝SST）が50年後に2℃上昇し、100年後には現在より4℃上昇すると仮定した場合の生活史・回遊ルートの変化について考えてみましょう。（岸道朗北大名誉教授との共同研究）

詳細な解析方法は省略しますが、SSTが12℃のエリアは、50年で緯度にして2度ずつ北上していきます。しかし、主な産卵海域は日本海から対馬海峡―東シナ海に形成さ

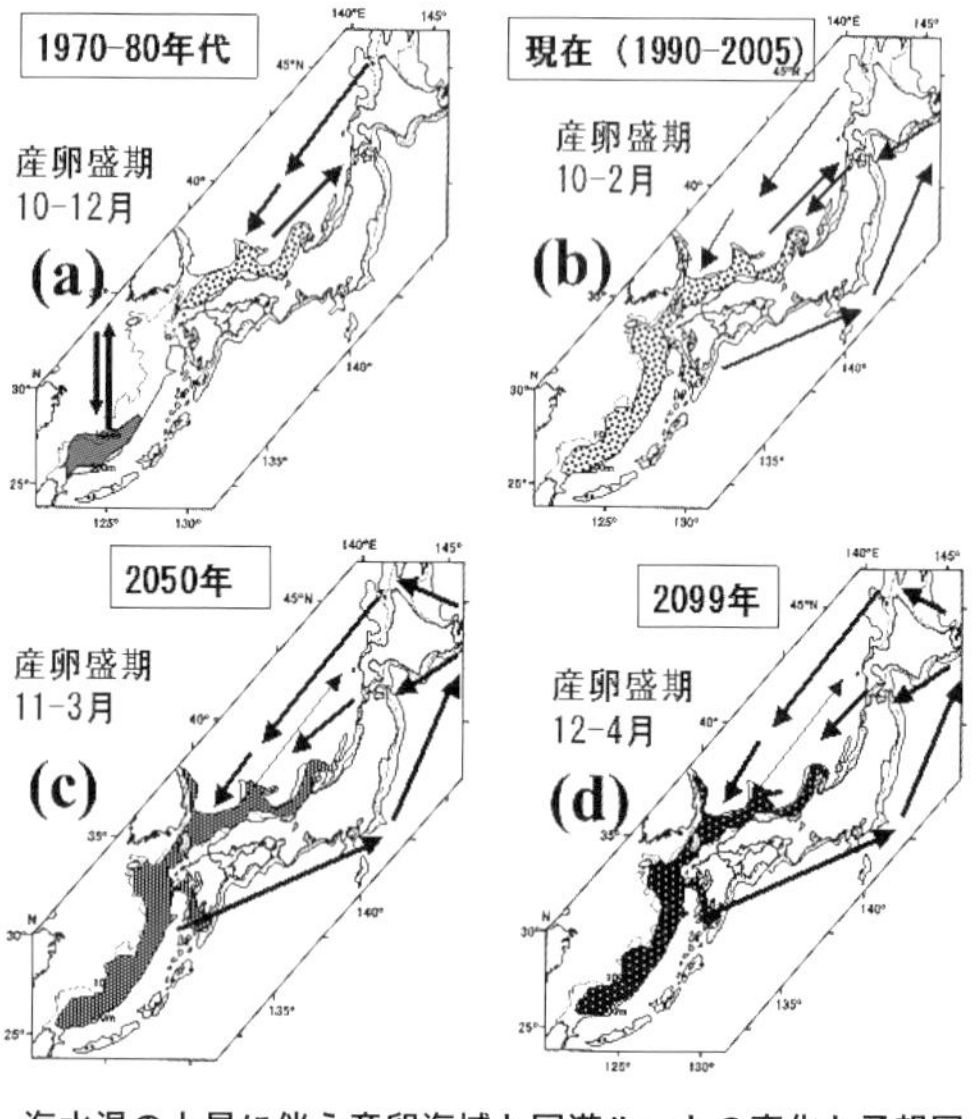

海水温の上昇に伴う産卵海域と回遊ルートの変化と予想図
（Kawamiya 他〈2005〉の海洋環境予測に基づく）

れ、100年間を通して、温暖期と変わらないように見えます。しかし、1970〜80年代の産卵盛期は10月〜12月（右図のａ）、現状は10月〜2月（ｂ、秋─冬群主体）なのに対し、50年後は11月〜3月（ｃ）、100年後には12月〜4月（ｄ、冬─春群主体）へと変化していきます。

これからも、秋に暑い年が続くようであれば、産卵のピークはさらに冬へとずれ込み、春まで産卵が続くことになり、結果としてスルメイカが漁獲される季節や海域も変わっていくことになります。しかし、スルメイカの産卵場に適した最も広大な大陸棚・斜面域があるのは日本海南西部から対馬海峡、そして東シナ海です。また、スルメイカの生活史でもっとも重要なのは、四季それぞれに産卵群があることです。つまり、最も広大な産卵場（日本海南西部─東シナ海）が、いつ産卵に適した水温になるのかが、季節ごとの発生群の動向に影響を与えると考えられるのです。このように、温暖化に伴って産卵のピークが秋─冬から冬─春にシフトすれば、結果として索餌回遊経路も変化するでしょう。

羅臼でイカ豊漁の理由

これまで私たちは、スルメイカの過去40年間の産卵場の総面積（10月〜3月）の経年変化と季節的変化を調べ、80年代末までの寒冷期（マイワシ増大期）には産卵場面積が縮小して漁獲量も減り、90年代以降は、産卵場面積が拡大して漁獲量が増えたことがわかっています。また寒冷期には、1月～3月の東シナ海の産卵場が縮小・寸断されており、同時期の冬生まれ群の極端な漁獲減を裏付けています。

この解析は現在も続けています。心配なのは、98年以降、産卵場面積が減少傾向にあり、総漁獲量が徐々に減っていることです（P9グラフ参照）。この現象は、平均水温が1～2℃下がった寒冷期に冬生まれ群が減って秋生まれ群が増えたのとは違い、秋の高水温によるものであり、もしかしたら温暖化の進行に沿った非可逆的変化（後戻りしない変化）なのかもしれません。

2000年代以降の10月は、秋の産卵場（山陰沿岸～対馬海峡周辺）が高水温水に覆われたため、産卵場の中心は北海道周辺の日本海と三陸沿岸にとどまり、明らかに秋の高水温の影響を受けていることがわかります（P194上図）。これは、それ以前の40年間の解析では全く見られなかった現象です。

この現象は2000年以降ほぼ毎年観測されており、11月を過ぎてようやく、山陰沿岸から対馬海峡周辺に産卵場が形成されています。それにより、翌年の初漁期の漁場位置や漁獲量、イカのサイズに変化が表れ、例えば6月解禁の津軽海峡西口では、来遊の遅れと不漁、釣獲イカの小型化という現象が起きています。

スルメイカが餌を食べて成長する索餌場所がこれまでより北に移っていく可能性もあり

ます。２０００年以降の10月～11月の水深50メートルの水温分布を見ると（P１９４下図）、北方四島と知床半島に囲まれた根室海峡およびオホーツク沿岸が12℃以上の宗谷暖流で覆われる年が増えています。その影響で、本来なら日本海を南下して産卵場所の対馬海峡から東シナ海へ回遊するはずの冬生まれ群がここにとどまり、「特に２０００年代以降、羅臼でイカが豊漁」という現象をもたらしています。（P１９５）

具体的に見てみましょう。２０１１年10月末から11月初旬の知床半島周辺の水深50メートルの水温は約12℃以上です。夜の地球上の都市の明かりを捉える夜間可視画像では、この暖水内の根室海峡羅臼沿岸に漁火が見られます。毎年秋になると、全国のイカ釣り船が１００隻ほど、この海峡に集結しているためです。根室海峡とオホーツク沿岸に北からの冷たい海水が近づき、12℃以上の沿岸水にスルメイカが押し込められていると推定されます。根室海峡では過去にもスルメイカがたくさん漁獲されていました。１９７０年代半ば以前の温暖期にも、毎年数万トンが漁獲されています。その後の寒冷期にはスケトウダラが、さらに90年代以降の温暖期には再びスルメイカの漁獲が復活しています。

オホーツク沿岸にいたスルメイカはやがて宗谷海峡を抜け、産卵のために日本海を一気に南下することになるでしょう。しかし、根室海峡内に閉じ込められたイカの群れは、冬の訪れとともに冷たい北風と流氷が押し寄せて海水温が急激に下がるため、衰弱して海底

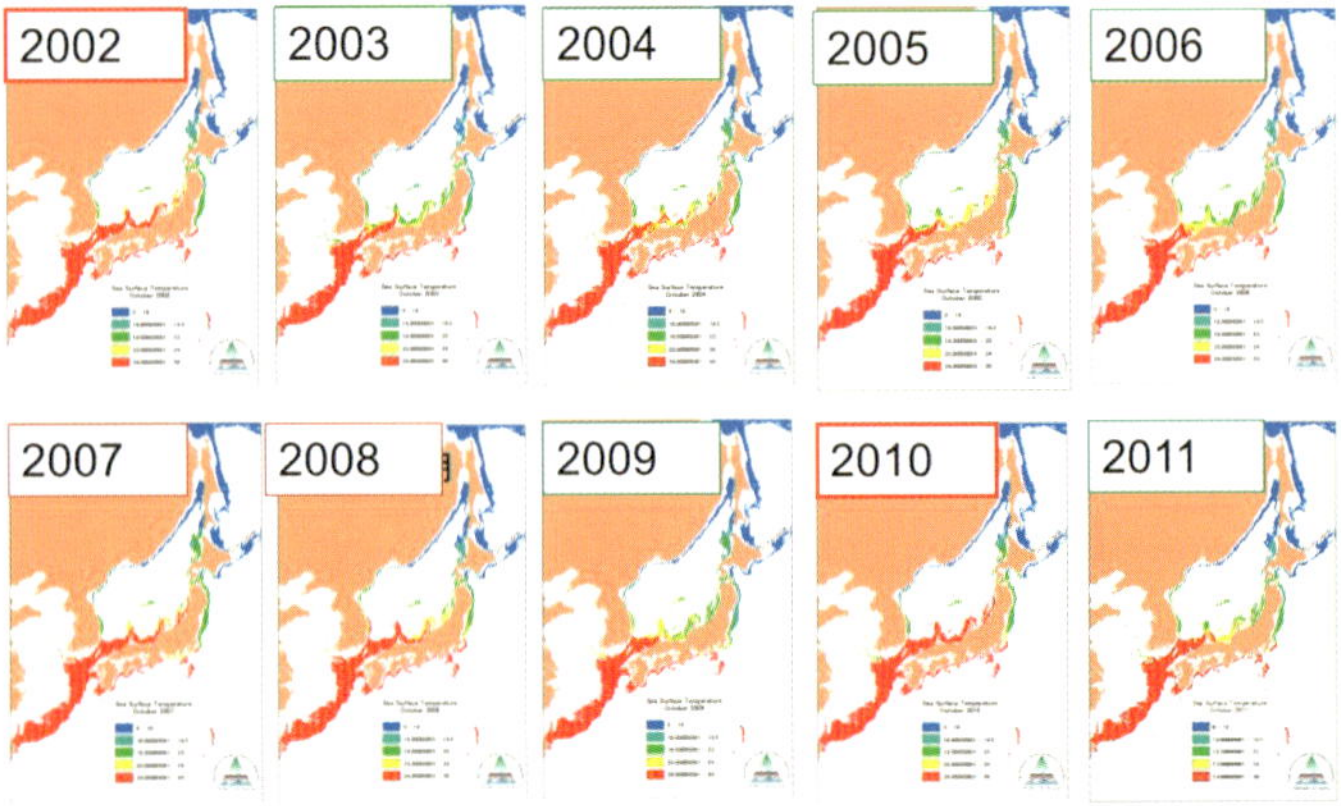

2002年から11年のいずれも10月の産卵海域の水温分布図
（作成／福井信一）

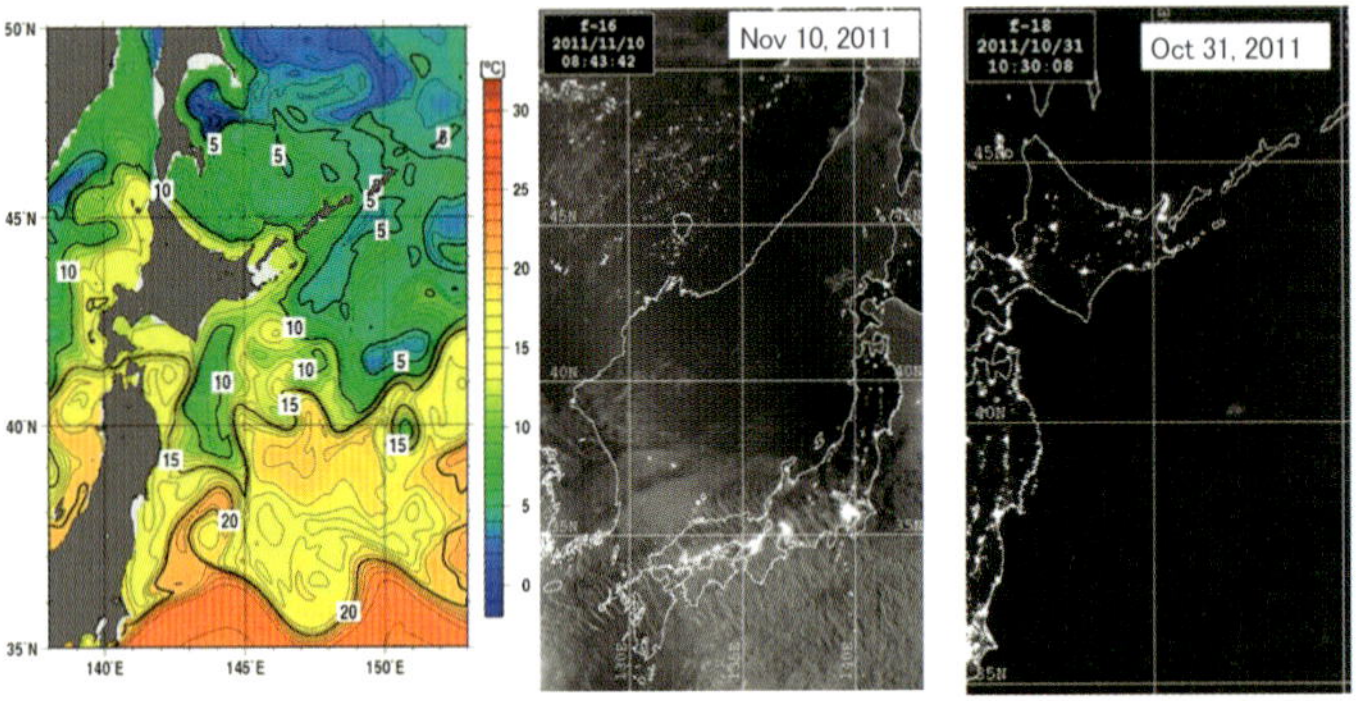

2011年11月8日の水深50メートルの水温分布（左図、気象庁「海洋の健康診断表」から）と、衛星からの夜間可視画像がとらえたイカ釣り漁船の明かり（右の2点、北大衛星計測学研究室HPから）。羅臼沿岸と積丹沖にイカ釣り漁船が集中しているのがわかる

に沈み、底性生物の餌になるかもしれません。なお、私たちの飼育実験から、スルメイカが生存できる下限水温は12℃で、これ以下では数週間で死んでしまうことがわかっています。

このように、スルメイカは海水温の変動に強く影響を受けています。言い換えれば、日本列島を一周する「季節の旅人」の動向によって、海洋環境の変化を裏付けることができるのです。スルメイカが環境変化の指標種と言われる所以であり、これからもその回遊や資源変動の動向が注目されます。

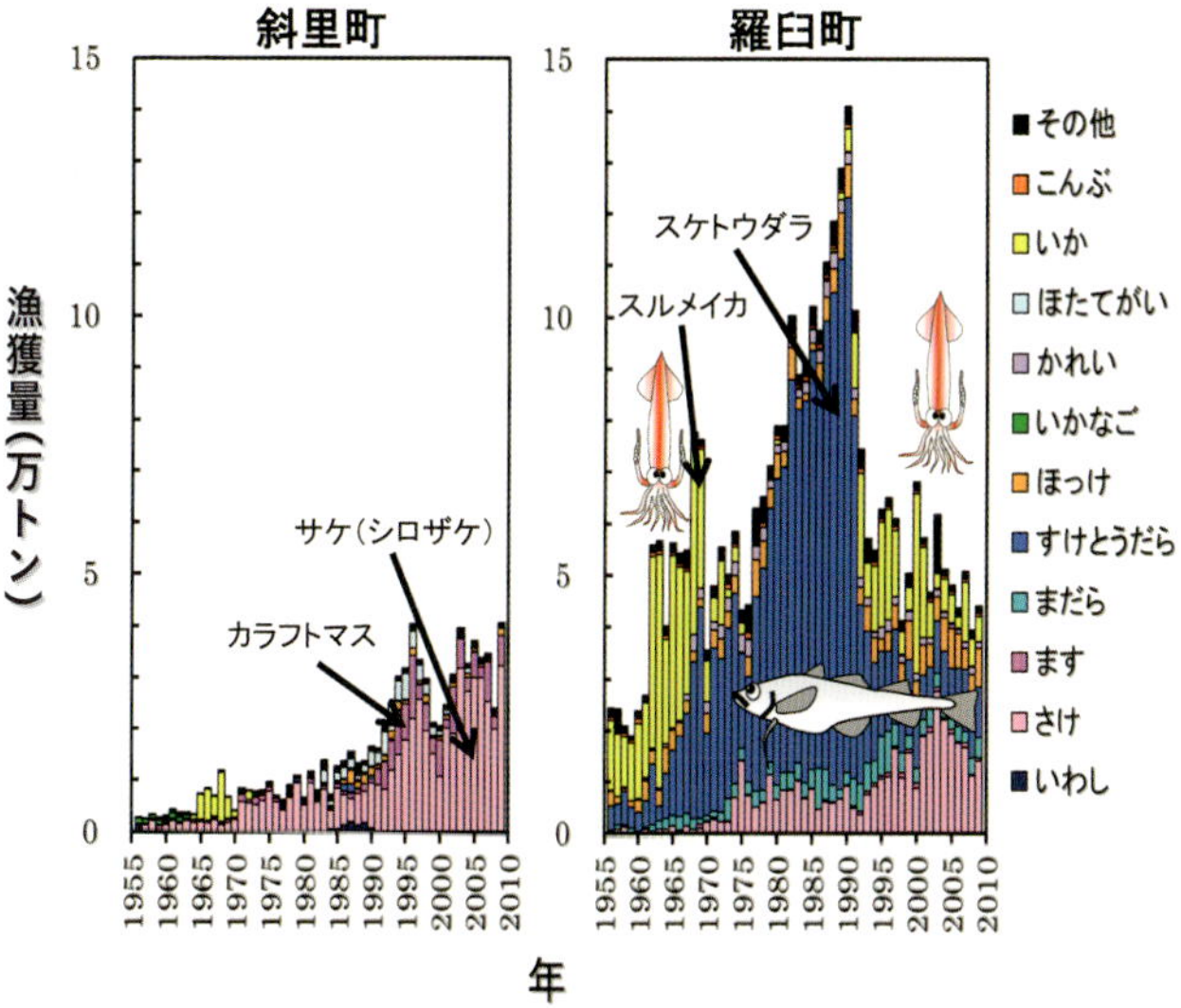

斜里町および羅臼町における漁業生産の経年変化（鳥澤, 2013)
羅臼側では、1970年代前半までの温暖期にはスルメイカ、1980年代末までの寒冷期にスケトウダラ、そして1990年代以降の温暖期に、再びスルメイカが漁獲されている

おわりに

イカはどこへ行く

頭足類が世界を救う

養殖を除く世界の海面漁獲量は、1990年以降は7500万トン前後と横ばいもしくは減少傾向ですが、イカ類を含む世界の頭足類の漁獲量は増加を続けています。1950～2005年の世界の頭足類の漁獲量は増え続けており、08年には約425万トンに達しています。中でもアメリカオオアカイカの漁獲量は、1990年代に10～20万トンでしたが、2004年には80万トンと急激に増加しています。一方、カナダマツイカやアカイカなどのスルメイカ類では、年ごとの漁獲量の変動が極めて大きくなっています。原因として、過剰漁獲のほかに、卵やふ化幼生が海洋環境の変化に弱いことが明らかになりつつあります。

ただし、世界の頭足類の資源量は、最低2000万トンから最高3億トン、平均で1～2億トンと推定されており、その利用方法を工夫することによって、頭足類は世界のタンパク資源として人類の生存を助ける可能性を秘めています。

研究のこれから

イカ類資源の変動を考える場合、「短命で、著しく成長するイカ類特有の生活史戦略」を念頭におく必要があります。つまり、イカ類の世代交代は1年単位のため、親（ある年の資源）と子（翌年の資源）の関係がはっきりしています。この親子関係は、親が多ければ子も多いという正の相関を持っていますが、卵とふ化幼生の生存率が低かったり、親イカに対する過剰漁獲があれば、次の年の資源はすぐに激減します。また、その逆もあり得ます。さらに、餌をめぐって競合するサバ・イワシ類など寿命の長い魚類に比べて、寿命1年のイカ類は、より短い期間で資源の変動や海洋環境の変化に反応できるという特徴があります。

イカ類の資源変動の主な要因は、漁獲対象となる大きさになるまでの物理・生物学的な海洋環境変化、漁獲対象となったイカに対する漁業の影響、および他魚種との競争関係（同じ餌の取り合い、食う―食われるの関係など）の有無などが考えられます。そこで、イカ類の資源変動が気候変化や漁業とどのように関連しているかについて、国際的な研究の流れと近年の研究を紹介します。

イカ類の資源変動と気候変化との関係についての研究の歴史は、今まさに始まったばかりと言って過言ではありません。マグロやタラ類、イワシ類など漁獲の対象となる魚類の資源研究が数百年のレベルで積み重ねられてきたのに対し、世界でのイカ類漁業の発展は、日本など一部の国を除けば１９５０年代からです。しかも、世界のイカ類漁場の開発は、スルメイカの不漁期に日本のイカ漁業が海外進出したことに端を発しています。そのため、漁獲量の統計が整備されているイカ類は、沿岸性イカ類を含めて数十種のみであり、いまだに分布域や資源量の推定すら行われていない種もあるほどです。

　イカ類の資源変動に気候変化が影響することが国際的な科学会議で取り上げられたのは97年、南アフリカ・ケープタウンでの国際頭足類諮問委員会（ＣＩＡＣ）主催の国際頭足類シンポジウムでのワークショップ「頭足類資源の減少は過剰漁獲によるか？　頭足類資源研究の将来は？」での討議が最初でした。このワークショップでは特に、スルメイカ類のスルメイカとカナダマツイカの資源の急激な減少について論議されました。

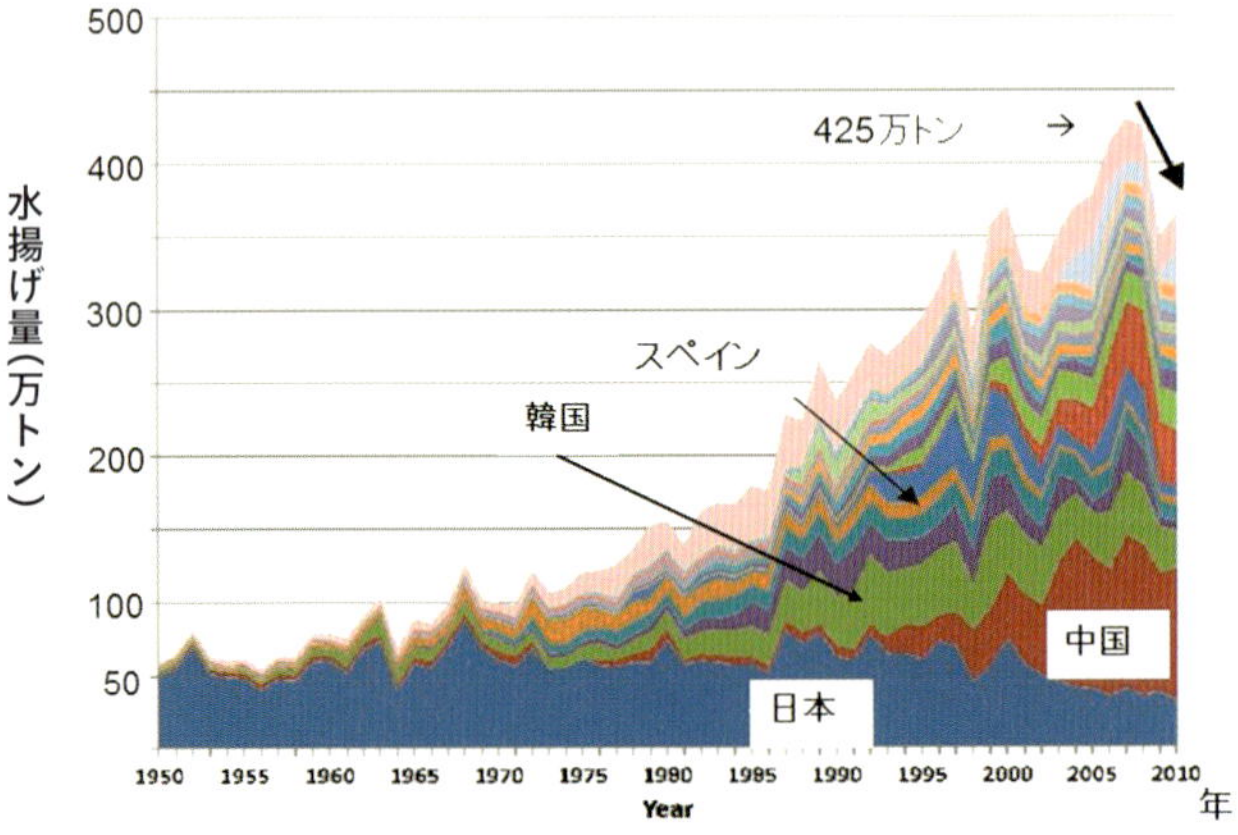

1950-2010年のイカ・タコ類の漁獲量
（FAO統計年表〈2012〉から）

漁獲量が急激に減少してきたスルメイカは、１９８６年を境に一転して増加傾向が続きましたが、２０００年以降は微減傾向が続いています。しかし、豊漁期でも年ごとの細かな変動はありました。一方カナダマツイカは、70年代に漁獲のピークがあり、80年代以降は極めて少ない状態が続いています。

これら2種の資源の崩壊は、いわゆる乱獲によるものとの前提で討議が始まりました。もし乱獲で資源が崩壊したとすれば、カナダマツイカに対するアメリカによる厳しい漁獲可能量（ＴＡＣ）制度による資源管理下で、資源は回復するはずです。一方スルメイカは80年代末以降も漁獲制限はなく、現在でも日本のＴＡＣ量は約30万トンと、実際の漁獲量をはるかに上回るものであり、むしろ資源が崩壊してもおかしくない状況にありました。しかし、事実はまったく逆であり、資源管理の厳しいカナダマツイカは増加せず、スルメイカは増加しています。

97年の南アフリカでのワークショップにおいて筆者は、スルメイカの資源変動のシナリオとして、日本周辺海域における海洋環境の温暖・寒冷周期が、産卵海域の拡大・縮小をもたらし、これが資源の増減に影響を与えることを発表しました。ワークショップの最終報告には、今後のイカ類の資源変動を考える上で、海洋環境変化が直接、卵とふ化幼生の生き残りにもたらす影響について詳細な研究を進めるべきとの提言が採択されました。

その後、ポルトガル・リスボンでの国際海洋開発理事会（ＩＣＥＳ）会議（98年）で行われたワークショップ「イカ類資源変動への漁業と環境変化のインパクト」、イギリス・アバデーンでのＣＩＡＣシンポジウム（２０００年）でのワークショップ「イカ類資源変動解明に向けたＧＩＳ（地理情報システム）の応用」、函館での北太平洋海洋科学機構（ＰＩＣＥＳ）年次総会（２０００年10月）におけるトピックセッション「北太平洋海洋生態系の鍵種としての短命なイカ類・魚類の資源変動とその役割」など、２０００年代以降は、ようやくイカ類資源の変動に対する環境要因の影響の解明に関心が集まるようになってきました。

私たちのように、スルメイカを数カ月間飼育してその繁殖生態を研究した事例は、世界的にも例がありません。この研究の最終の目的は、海洋環境の変化によってイカ類の資源が変動する理由と、その予測についてです。

22世紀への旅人

本書では、スルメイカが日本列島に沿って大回遊する「季節の旅人」であることを、１年という短い一生での回遊、摂餌、成長、成熟、産卵というイベントに沿って紹介しました。加えて、その資源や漁獲量が海の環境変化、特に産卵場の海水温の変化に大きな影響を受けていることを説明しました。

再び寒い冬が続くようになればスルメイカは減り、マイワシが復活するかもしれません。一方でさらに温暖化が進めば、スルメイカの生まれる季節や回遊ルート、そして漁場も変わっていくはずです。

仮に2100年までに海水温が4℃上昇したとします。すると、秋のスルメイカの生息域は日本海から消えて、はるかオホーツク海全域に拡大すると推定されます。それでも産卵場が日本海南西部から東シナ海の大陸棚―斜面のままであるとすれば、「季節の旅人」の回遊は今よりもダイナミックになるでしょう。かれらはこの大回遊の中で餌を求めて成長し、大型魚類などの捕食者や漁業によって個体数を減らしながらも、大きさの似たイカ同士が群れとなって、交接と産卵のために、より温かい海へと戻ってくるはずです。

一個の卵から生まれたイカが、この大回遊の中でどのように成長し、そして産卵して一生を終えるのか。あるイカは冷たい海で、あるイカは温かい海だけで生活し、さらに日本海だけを回遊するイカや、太平洋を北上しオホーツク海まで回遊するイカも現れるはずです。

地球温暖化を含めた気候変化、それに伴う海の環境変化に素早く反応する環境変化の指標種スルメイカ。一つの命がどのように一生を終えるのか、研究すべき課題はまだまだ多く残されています。

私の教育と研究歴の中で、スルメイカを含むイカ類が占める割合は50％以上かもしれません。大学院生時代は、スケトウダラの飼育による産卵生態の解明に没頭していましたが、青森の浅虫水族館に勤務してからは、イカの魅力に取りつかれてしまいました。

スケトウダラの飼育では国内での研究はなく、「師」は海外の論文でした。すでに１９００年代の初めから、ノルウェーやイギリスでタラ類の飼育実験による産卵生態の解明が行われていました。

多くの論文を読み漁っていくと、そこには先人の深い洞察力と並々ならぬ試行錯誤による成果が見えてきます。私は海洋生物の飼育研究を、小さな窓から海の世界をのぞくことだと考えています。飼育実験は、海洋生物の生態の謎をひもとくための一つの手段です。

イカ類の研究はむしろ日本の方が歴史が長く、北海道帝国大学時代の佐々木望教授の頭足類の生物地理と分類があり、スルメイカの場合は、水産資源としての重要性から多くの先駆者による漁場探査、資源変動、漁具開発などの膨大な研究が行われてきました。

しかしスルメイカの生態、特に産卵生態については、隠岐の島で一人奮闘した浜部基次先生の研究に勝るものはありません。先生は相当几帳面な方だったと確信しています。その多くの論文には「いつ、どこで、何が、どのように、それから何がわかるか」がこと細かに記されています。手書きのたくさんの図、スケッチも紹介されています。スルメイカの飼育を手掛けはじめた当時、論文が真っ赤になるほど一つひとつの文章を読み解きました。ぜひ一度お目にかかって話をうかがいたいと思っていましたが、かないませんでした。

浜部先生の論文は日本語でしたが、英語に翻訳され、世界のイカ類研究者が引用するようになりました。カナダのロン・オドール先生は、１９８０年代にスルメイカの仲間のカナダマツイカの産卵、大型卵塊、卵発生、ふ化幼生の行動などを、浜部先生同様こと細かに記述しています。そしてイカ類の飼育システムについては、テキサス大学医学部のヤン・ウォンタク先生がレースウェイ（運動場）型の完全閉鎖循環式水槽を開発し、アオリイカの継代飼育（親から子、そして次の親と子を飼育）に成功しています。これらの論文も私の師となりました。お二人には何度もお目にかかり、たくさんのアドバイスをいただきました。

私は「まず先人の功績を真摯に学び、その中から検証すべき課題を見つけ実証する。そしてさらに再検証し、次の課題を設定する」というモットーを貫いてきました。本書では多くの共同研究者、そして私の研究室から育った学生・大学院生の研究を取り上げました。

皆さまの仕事を紹介できたことを誇りに思います。

それらの多くは、常に一歩先の課題がテーマでした。時には「そんな、無茶な！」と言われたこともあります。しかし、スルメイカの生態の謎をひもとく研究は、これらの積み重ねによって今に至っています。そして、次の新たな課題も見つかっています。

最後に、30年以上にもわたって毎年、定置網漁で生きたイカを採集させていただいている小田原水産・曙水産（函館・南かやべ漁協）の小田原一二三社長と乗組員の皆さまに厚くお礼申し上げます。またこの本の刊行をすすめ、出版までのすべての労をとってくださいました北海道新聞社出版センターの仮屋志郎さんにお礼申し上げます。

著　者

Y. Sakurai, H. Kidokoro, N. Yamashita, J. Yamamoto, K. Uchikawa, H. Takahara: *Todarodes pacificus*, Japanese Common Squid. Advances in Squid Biology, Ecology and Fisheries. Part II, ed by R. Rosa, G. Pierce, R. O'Dor, Publ. by Nova Science Publishers, Inc., New Yolk, 249-271pp.（2013）
「函館イカマイスター認定制度　公式テキストブック」函館水産物マイスター養成協議会（2013）
桜井泰憲「知床世界自然遺産海域の保全：統合的管理の事例」『水産海洋学入門―海洋生物資源の持続的利用』(水産海洋学会編) 講談社 (2014)
H. K. Yoo, J. Yamamoto, T. Saito, and Y. Sakurai: Laboratory observations on the vertical swimming behavior of Japanese common squid *Todarodes pacificus* paralarvae as they ascend into warm surface waters. Fisheries Science, 80(5) : 925-932（2014）
D. Vijai, M. Sakai, Y. Kamei, Y. Sakurai: Spawning pattern of the neon flying squid *Ommastrephes bartramii*（Cephalopoda: Oegopsida）around the Hawaiian Islands. Scientia Marina: 78(4) : 511-519（2014）
桜井泰憲「スルメイカの繁殖生態と気候変化に応答する資源変動」「水産振興」第 559 号，48(5) : 1-54　東京水産振興会（2014）
D. Vijai, M. Sakai, Y. Sakurai1: Embryonic and paralarval development following artificial fertilization in the neon flying squid *Ommastrephes bartramii*, Zoomorphology, DOI 10.1007/s00435-015-0267-6（2015）
D. Vijai1, M. Sakai, T. Wakabayashi, H. K. Yoo, Y. Kato, Y. Sakurai: Effects of temperature on embryonic development and paralarval behavior of the neon flying squid *Ommastrephes bartramii*. Mar Ecol Prog Ser 529: 145-158（2015）

参考文献

（本著で紹介した研究のレヴュー、および重要な文献のみを記載した）

桜井泰憲・John R. Bower・渡辺久美「スルメイカの卵塊形成と形状維持、および水温が胚発生とふ化幼生の生残に及ぼす影響」『水棲無脊椎動物の最新学』（奥谷喬司・太田秀・上島励編）東海大学出版会（1999）

桜井泰憲「スルメイカの再生産と資源変動」『スルメイカの世界』（有元貴文・稲田博史編）成山堂書店（2003）

桜井泰憲「季節の旅人『スルメイカ』と日本海―資源変動のメカニズムを探る」『日本海学の新世紀６　海の力』（蒲生俊敬・竹内章編）角川書店（2006）

桜井泰憲「レジームシフトを含む気候変化に応答するイカ類の資源変動」『レジームシフト―気候変動と生物資源管理』（川崎健・花輪公雄・谷口旭・二平章編）成山堂書店（2007）

桜井泰憲「水族館の飼育技術から地球温暖化研究へ」『研究する水族館、水槽展示だけではない知的な世界』（猿渡敏郎・西源二郎）東海大学出版会（2009）

桜井泰憲「地球温暖化が水産資源に与える影響」『地球温暖化問題への農学の挑戦』（日本農学会編）養賢堂（2009）

桜井泰憲「寒波はスルメイカを減らす？　暖かいとなぜ増える？」『新鮮イカ学』（奥谷喬司編）東海大学出版会（2010）

桜井泰憲「知床世界自然遺産海域の生態系保全と持続的漁業」『海洋保全生態学』（白山義久・桜井泰憲・古谷研・中原裕幸・松田裕之・加々美康彦編）講談社（2012）

R. Villanueva, D. J. Staaf, J. Argüelles, A. Bozzano, S. Camarillo-Coop, C. M. Nigmatullin, G. Petroni, D. Quintana, M. Sakai, Y. Sakurai, C. A. Salinas-Zavala, R. De Silva-Dávila, R. Tafur, C. Yamashiro, Erica A.G. Vidal: A laboratory guide to in vitro fertilization of oceanic squids. Aquaculture. 342-343: 125-133（2012）

山本潤・宮長幸・福井信一・桜井泰憲「スルメイカふ化幼生の遊泳行動に対する水温の影響」「水産海洋研究」76(1): 18-23（2012）

著者略歴

桜井泰憲（さくらい・やすのり）

北海道大学大学院水産科学研究院特任教授。

1950 年 10 月岐阜県高山市生まれ。73 年北海道大学水産学部卒、同大学院を経て、83 年から青森県営浅虫水族館勤務。87 年から北海道大学水産学部勤務、現在に至る。

専門分野は海洋生態学、水産海洋学（タラ類、イカ・タコ類の繁殖生態と資源変動機構、気候変化と亜寒帯海洋生態系変動に関する国際共同研究、北極海の魚類生態、海産牛物の飼育技術開発など）。また国際的には、CIAC（FAO: 国際頭足類諮問機構）、GLOBEC/ESSAS（亜寒帯海洋生態系国際共同プログラム）、PICES などの各種委員、役職を歴任。国内では、知床世界自然遺産地域科学委員会委員長、同海域ワーキング座長、中央環境審議会臨時委員、野生生物部会・自然環境部会委員、水産海洋学会会長、日本水産学会副会長を歴任。

受賞歴:「タラ類・イカ類の飼育研究」で「水産海洋学会・宇田賞」(1999 年)
「スルメイカの資源変動に関する研究」で「水産学会・進歩賞」(2001 年)
「知床世界自然遺産海域の生態系の保全と持続的漁業の共存への貢献」で「環境保全功労賞」(2012 年)
「イカの資源研究、知床世界自然遺産海域の保全、海洋生物多様性などへの助言」により第 7 回海洋立国推進功労賞受賞（2014 年）
主な共編著書（分担執筆含む）:『海水魚の繁殖』（緑書房）、『水棲無脊椎動物の最新学』（東海大学出版会）、『イカの春秋』（成山堂書店）、『スルメイカの世界』（成山堂書店）、『日本海学の新世紀 6　海の力』（角川学芸出版）、『レジームシフトー気候変動と生物資源管理』（成山堂書店）、『研究する水族館ー水槽展示だけではない知的な世界』（東海大学出版会）、『地球温暖化問題への農学の挑戦』（養賢堂）、『サケ学入門』（北海道大学出版会）、『新鮮イカ学』（東海大学出版会）、『海洋保全生態学』（講談社）、『オホーツクの生態系とその保全』（北海道大学出版会）など。

編　集　仮屋志郎
装丁・本文レイアウト　江畑菜恵（es-design）

イカの不思議　季節の旅人・スルメイカ

2015年 8月31日　初版第1刷発行
2017年12月20日　初版第2刷発行

著　者　桜井《さくらい》泰憲《やすのり》
発行者　鶴井　亨
発行所　北海道新聞社
〒060-8711　札幌市中央区大通西3丁目6
出版センター（編集）電話 011-210-5742
（営業）電話 011-210-5744
http://shop.hokkaido-np.co.jp/book/

印刷・製本　株式会社アイワード

乱丁・落丁本は出版センター（営業）にご連絡くだされぱお取り換えいたします。
ISBN978-4-89453-793-4